…HÈQUE DES CAMPAGNES

LA SCIENCE DES CAMPAGNES

VÉGÉTAUX CULTIVÉS

PLANTES INDUSTRIELLES

PAR

YSABEAU, Agronome.

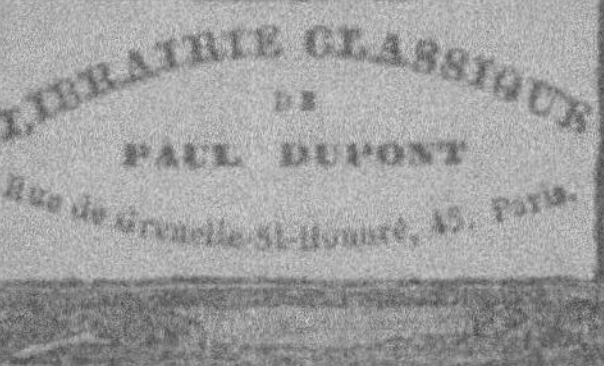

LIBRAIRIE CLASSIQUE
DE
PAUL DUPONT
Rue de Grenelle-St-Honoré, 45, Paris.

VÉGÉTAUX CULTIVÉS

PLANTES INDUSTRIELLES

LA SCIENCE DES CAMPAGNES

VÉGÉTAUX CULTIVÉS

PLANTES INDUSTRIELLES

PAR

A. YSABEAU, Agronome

LIBRAIRIE CLASSIQUE
DE
PAUL DUPONT
Rue de Grenelle-St-Honoré, 45, Paris.

1862

Dans l'Agriculture européenne, toujours aux prises avec la nécessité de produire des denrées alimentaires en quantités proportionnées aux besoins d'une population toujours croissante, la culture des plantes industrielles ne peut occuper que le second rang. Ces plantes, toutes au nombre des plus épuisantes, parce que ce sont celles qui rendent au sol la plus faible partie de ce qu'elles lui empruntent, ne doivent être admises qu'avec prudence dans les assolements, en choisissant les terres où elles peuvent donner les meilleurs produits et les cantons où le placement de ces produits est le mieux assuré. À l'exception du lin et du chanvre, dont la filasse, quand elle n'est pas réservée aux usages domestiques, trouve toujours des acheteurs, les autres plantes industrielles ne doivent être cultivées que *sur commande*, c'est-à-dire qu'avec la certitude acquise d'avance du placement dans de bonnes conditions. Ce sont les principes généraux qui doivent présider à toutes les cultures industrielles.

Cette réserve posée, tout cultivateur peut regarder autour de lui, consulter les conditions économiques de son canton, et retirer de très-beaux bénéfices des cultures industrielles contenues dans de justes limites. Par la culture du lin et du chanvre, il pourra se créer un capital à reporter sur toutes les branches de son exploitation ; il donnera des salaires à gagner par un travail utile à des bras faibles, trop souvent inoccupés ; il tiendra ainsi en réserve autour de lui une somme de main-d'œuvre toujours disponible à utiliser à un moment donné ; il aura travaillé pour sa prospérité et celle des autres.

S'il s'adonne, toujours avec la même circonspection, qu'on ne saurait trop lui recommander, à la culture des plantes à graines oléifères, il pourra faire, aux moindres frais possibles, une ample provision de tourteaux, ressource d'une valeur inappréciable, soit comme engrais pulvérulent propre à toute sorte de culture, soit pour l'engraissement de tous les animaux de boucherie. Envisagée de ce point de vue, le fermier trouvera, en dernière analyse, que la culture sagement ménagée des plantes à graines oléifères est la moins épuisante des cultures industrielles.

Quant aux plantes tinctoriales, d'une consommation plus limitée, si leur culture n'est pas en usage dans son canton, il ne l'adoptera qu'après des essais suffisamment concluants, et, s'il réussit, il résistera à l'entraînement du succès, qui peut si facilement se changer en échec difficile à réparer. Néanmoins, en cela, comme en tout travail de production, prudence n'est pas timidité excessive, et il ne faut pas se priver soi-même des avantages que peut promettre une culture de plantes tinctoriales parce que cette culture n'est pas dans les usages du pays.

Le domaine de la culture des plantes industrielles diverses est encore plus élastique ; le fermier prudent ne doit poser le pied sur ce terrain qu'avec la plus sage réserve. Sa loi doit être d'avoir constamment l'œil ouvert sur les besoins de l'industrie, d'étudier sans relâche sa terre, qui ne dit pas aisément son dernier mot, et dont il ne peut qu'à la longue connaître à fond et utiliser en pleine connaissance de cause toutes les ressources et toute la bonne volonté.

Ce traité comprend l'exposé de toutes les cultures industrielles propres au sol de la France, prises du point de vue qui vient d'être indiqué; on s'est attaché à ne rien omettre de ce qui peut mettre le cultivateur à même de faire prospérer ce genre de culture partout où il peut être établi dans les conditions de succès, en dehors desquelles il ne faut pas s'en occuper.

Heureusement, sous le ciel de notre belle patrie, il y a place pour toutes les cultures utiles; l'une ne nuit point à l'autre quand on sait mettre chacune à sa place, et il y a dans chacune de nos régions agricoles place pour toutes les cultures industrielles dont les produits sont réclamés par l'industrie la plus avancée. On espère que tous ceux qui, dans cette branche de culture, prendront ce traité pour guide, y puiseront les données nécessaires pour éviter les échecs et réaliser toute la somme de bénéfices qu'on peut rationnellement en espérer.

AGRICULTURE PRATIQUE.

VÉGÉTAUX CULTIVÉS.

PLANTES INDUSTRIELLES.

CLASSIFICATION.

L'agriculture n'a pas seulement pour tâche de livrer à la consommation les denrées alimentaires en quantités proportionnées aux besoins des populations, il faut aussi qu'elle alimente des matières premières les plus nécessaires à l'industrie les fabriques des objets de première nécessité; c'est pourquoi, à côté des plantes alimentaires pour l'homme et des plantes fourragères pour la nourriture du bétail, l'agriculture admet dans les champs cultivés un certain nombre de plantes qui ne peuvent recevoir ni l'une ni l'autre de ces deux destinations, et qui n'en sont pas pour cela moins utiles : ce sont les *plantes industrielles*. Ces plantes, indépendamment de leur classification botanique et des familles végétales auxquelles elles appartiennent, se rangent, d'après le genre de services qu'on en attend, dans quatre sections principales, comprenant : 1° *Les plantes textiles*; 2° *les plantes à graines oléifères* ; 3° *les plantes tinctoriales; 4° les plantes à sucre*; une cinquième section renferme les *plantes industrielles diverses* qui ne se rattachent à aucune des quatre premières sections.

Dans un assolement sagement réglé, les plantes industrielles ne doivent ni occuper trop d'espace, ni revenir à des intervalles trop rapprochés; ce sont les plus épuisantes des plantes cultivées, parce qu'en raison même de leur emploi, elles ne rendent au sol rien ou presque rien de ce qu'elles lui ont enlevé. Il importe donc au cultivateur de se tenir en garde contre l'attrait du bénéfice souvent très-élevé que peut lui donner immédiatement la culture des plantes industrielles, et de ne pas abuser de cette culture qui, pour peu qu'on lui donne trop d'extension, fatigue le sol le plus fertile, et compromet pour longtemps le succès de toutes les autres cultures.

PLANTES TEXTILES.

Deux plantes universellement répandues, le *lin* et le *chanvre*, sont cultivées comme plantes textiles dès la plus haute antiquité; d'autres ne le sont que sur quelques points seulement, ou bien elles ont été l'objet d'essais et d'expériences qui démontrent la possibilité de les utiliser en cette qualité: ce sont l'*asclépias de Syrie*, *l'ortie blanche de la Chine*, et le *mélilot de Sibérie*.

LIN.

La culture du lin paraît avoir été familière de tout temps aux peuples anciennement civilisés d'Afrique et d'Asie. L'antique Egypte entourait ses momies de bandelettes de toile de lin, et les vêtements de *fin lin*, à l'usage des lévites sont mentionnés dans la sainte Ecriture. On ignore si, à la même époque, le lin était cultivé en Europe chez les peuples qui n'avaient pas de communication avec l'Orient; il est certain que les habitants de la Gaule Belgique excellaient dans la culture du lin plusieurs siècles avant la conquête de leur pays par les Romains. On ne peut pas non plus assigner de date certaine à l'introduction de la culture du lin en Russie, celui des pays de l'Europe où le lin est cultivé sur une plus grande échelle.

Lin commun à fleur bleue. (Fig. 1.)

La culture, sous une variété infinie de sols et de climats, n'a pas donné lieu à un grand nombre de variétés de lin; on en possède trois seulement : *le lin commun*, à *fleur bleue* (*fig.* 1); le *lin à fleur blanche d'Europe* ; le *lin à fleur blanche d'Amérique.* Le lin commun à fleur bleue est de beaucoup le plus cultivé; ce qu'on regarde comme des sous-variétés de cette espèce se réduit à de simples différences résultant de la culture, et qui n'ont rien de permanent. Cependant quelques auteurs élèvent au rang d'espèce distincte le lin à fleur bleue, dont les capsules, quand la graine qu'elles contiennent est mûre, s'ouvrent d'elles-mêmes avec un léger craquement qui a fait donner à cette espèce, si c'en est une, le nom de *lin crépitant*. Ce lin ne diffère du lin commun que par ce seul caractère, qui semble n'être qu'un simple accident.

Le lin à fleur blanche d'Amérique, après divers essais en grand en Belgique et en Irlande, n'a pas répondu pleinement aux espérances qu'on en avait conçues; il a cédé presque partout la place à l'espèce commune.

CHOIX DE LA GRAINE.

Une longue expérience démontre jusqu'à l'évidence la nécessité de ne pas semer la graine de lin sur le sol où elle a été récoltée. A part la loi générale qui prescrit de *changer la semence*, selon l'expression reçue, il y a, pour tirer du dehors la graine de lin, une raison péremptoire: c'est que, la plupart du temps, le lin est cultivé principalement pour sa fibre textile; la graine n'en est qu'un produit accessoire; elle n'est presque jamais récoltée complétement mûre. Au contraire, les cultivateurs des pays du Nord, ceux de la Russie et de la Zélande en particulier, qui font avec le dehors un grand commerce de graine de lin, ont soin de laisser parfaitement mûrir le lin dont ils se proposent de vendre la graine. Cela seul, à part toute autre considération, assure une supériorité réelle à la graine de lin de Zélande et à celle de Russie, connue dans le commerce sous le nom de *lin de Riga*. On donne comme caractères de la bonne graine de lin d'être lisse, brillante, d'une belle nuance claire, et de tomber au fond de l'eau, sans surnager. Lorsque, selon l'usage ordinaire, le lin est cultivé en vue de sa fibre textile, on doit en tirer la graine d'un pays *au nord* de celui où l'on cultive; on la fera venir *du midi*, si l'on a principalement en vue la production de la graine. Ainsi, sous le climat de la France centrale, on fera venir, dans la première hypothèse, la graine de lin de Riga de Zélande, ou tout au moins du département du Nord; dans la seconde, on la tirera de Maine-et-Loire, et des autres départements du Sud-Ouest, où le lin est cultivé avec le plus de soin. Enfin, si, par des motifs d'économie ou autres, on veut employer pour semence la graine de lin récoltée dans le pays, on prendra deux précautions, qui la rendront aussi bonne qu'elle peut l'être : 1° on ne sèmera que de la graine de deux ans ; 2° on conservera cette graine dans ses capsules, et elle ne sera battue qu'au moment des semailles.

SOL ET EXPOSITION QUI CONVIENNENT AU LIN.

Avec beaucoup d'engrais et des façons réitérées, on peut cultiver le lin dans toutes les terres de première et de seconde qualité ; il ne doit être exclu d'une manière absolue que des terres arides, graveleuses, crayeuses, au-dessous du médiocre. C'est dans les terrains à la fois frais, substantiels et de consistance moyenne, plutôt légers que trop forts, que la culture du lin donne les résultats les plus avantageux. Plus la terre est légère, se rapprochant des conditions du sable pur, moins la fibre textile ou *filasse* de lin a de solidité ; dans les terres qui pèchent par l'excès contraire et qui sont très-compactes, quoique fertiles, le lin pousse des tiges hautes et fortes, mais la filasse manque de finesse. Tous les lins de première qualité du Hainaut et des Flandres belges, où la culture du lin est portée à sa perfection, croissent sur des terres fertiles, plus légères que fortes et très-riches en humus, ayant une ample provision de ce que les cultivateurs nomment *vieille force*, c'est-à-dire de fertilité acquise par des fumures abondantes, constamment renouvelées.

L'exposition des terrains où l'on se propose de cultiver le lin est un point plus important pour le lin que pour toute autre culture. Si, par exemple, on sème le lin sur des champs en pente, faisant face à la direction des coups de vent violents qui accompagnent ordinairement les orages, on est à peu près certain que le lin versera ; aucune récolte n'est plus endommagée par la verse que celle du lin. Les expositions de l'est et du nord, et les situations abritées sans être trop ombragées, sont celles où la culture du lin réussit le mieux. Le lin cultivé trop à l'ombre, par exemple sur la lisière d'un bois de haute futaie qui lui dérobe en partie l'air et le soleil, s'allonge beaucoup, reste mince et faible, et verse à la moindre pluie d'orage ou au moindre coup de vent.

Il est toujours dangereux de faire revenir le lin à la même place à des intervalles trop rapprochés. Il y a des terres tout particulièrement propres à la culture du lin, où cette culture revient tous les cinq ans, étant encadrée dans un assolement quinquennal : ce sont des exceptions. Un intervalle de 8 à 10 ans est à peine suffisant dans les terres de fertilité moyenne; comme règle générale, il faut, après vérification faite de l'étendue des terres où le lin peut être cultivé, les partager en dix ou douze compartiments égaux, et semer en lin, tous les ans, un seul de ces compartiments. Il y a en Belgique bien des fermes où les terres à lin sont partagées en vingt pièces d'égale grandeur, et où, par conséquent, le lin ne revient qu'une fois tous les vingt ans à la même place : ce sont celles où l'on récolte le plus beau lin. On reconnaît encore aujourd'hui (1860), après plus d'un demi-siècle, les terres où, sous le premier empire, on a un peu abusé de la culture du lin; ces terres, malgré les plus amples fumures et les soins de culture les plus intelligents, ne donnent que du lin médiocre, et n'en donneront probablement pas d'autre d'ici à un siècle.

PRÉPARATION DU SOL.

Il ne suffit pas, pour la culture du lin, que le sol soit bien ameubli, il faut qu'il soit *pulvérisé* complétement à sa surface, après avoir reçu deux ou trois façons avant l'hiver. La fumure destinée au lin doit être enfouie par le dernier de ces labours. Le lin est une récolte assez productive pour qu'on ne recule pas devant les dépenses qui doivent en assurer le succès. Partout où la main-d'œuvre n'est ni trop rare ni trop chère, le labour par lequel la fumure est enterrée en automne, pour une semaille de lin à faire au printemps de l'année suivante, doit être donné à la bêche. Au printemps, on donne un dernier labour superficiel, puis deux hersages, l'un en long, l'autre en travers, et la préparation est terminée. Dans les Flandres, le lin ne reçoit jamais directement la fumure. On fume abondamment pour une céréale dans laquelle on sème un trèfle; ce trèfle n'est ni fauché ni pâturé; on l'enfouit au printemps quand il est en pleine végétation : c'est un supplément d'engrais donné au lin, et qui lui est très-profitable. Ce n'est pas tout : après que le trèfle a été enfoui par un labour profond à la bêche ou à la charrue, on répand sur le sol hersé, en long et en large, une forte dose d'engrais liquide, consistant en purin dans lequel on a délayé des vidanges et du tourteau de graine de colza ou de cameline. Quand la terre est bien pénétrée de ce dernier engrais, on donne encore un léger hersage, et le sol est prêt à recevoir les semailles de lin. La dose d'engrais liquide varie selon les ressources locales ; elle ne saurait, pour ainsi dire, être trop abondante : dans les Flandres, on n'emploie jamais, par hectare, moins de 1,000 à 1,200 kilog. de tourteau, et 150 à 220 hectolitres de purin mêlé de vidanges. Beaucoup de cultivateurs du Nord répandent séparément sur la terre préparée pour les semailles du lin, d'abord le tourteau en poudre, puis l'engrais liquide : le résultat est le même.

Quoique, théoriquement, la culture du chanvre doive être regardée comme aussi épuisante que celle du lin, l'expérience, à laquelle il n'y a rien à objecter, prouve que le lin réussit mieux après une culture de chanvre que quand il succède à toute autre récolte.

Dans les conditions moyennes de l'agriculture française, il ne faut pas entreprendre la culture du lin si l'on n'est pas décidé à dépenser pour cette culture 450 à 500 fr. par hectare. Si la valeur probable de la récolte n'est pas suffisante pour rembourser avec bénéfice de pareilles avances, il ne faut pas cultiver le lin.

SEMAILLES ET SOINS DE CULTURE.

On sème la graine de lin à deux époques distinctes : en

mars, pour avoir des *lins hâtifs* ; et en mai, pour obtenir des *lins tardifs*. Les lins hâtifs sont toujours les plus avantageux, tant pour la quantité que pour la qualité des produits ; on n'a guère recours aux semailles tardives que quand il n'a pas été possible de préparer le terrain à temps pour des semailles précoces : on sème à raison de 200 kilog. par hectare. On ajoute 50 kilog. par hectare quand on ne tient pas compte de la graine et qu'on tient uniquement à obtenir la filasse la plus fine possible ; on ne sème pas plus de 200 kilog. de graine par hectare quand on veut récolter de bonne graine de lin et obtenir de la filasse plus commune, propre seulement à faire de bonne toile de ménage.

Lorsqu'on sème dans un lin un trèfle ou des carottes pour récolte dérobée, la graine ne doit être répandue que quand le lin est levé depuis 8 à 10 jours. En Belgique, les cultivateurs apportent un soin tout particulier dans l'exécution des semailles du lin. Ils choisissent une matinée calme, et sèment, selon l'expression reçue, *sur le même pied*, c'est-à-dire de deux en deux pas, en allant et en revenant ; cette manière de semer assure la distribution très-égale de la graine de lin sur le terrain. On passe ensuite le rouleau de bois léger pour raffermir la semaille : dans la petite culture, on se contente de piétiner le terrain le plus également possible, puis on herse très-légèrement et on passe une seconde fois le rouleau ; ou bien, après le hersage qui recouvre les semailles, on piétine le sol une seconde fois.

Le lin est, de toutes les plantes cultivées, celle qui souffre le plus du voisinage de la mauvaise herbe ; il exige deux sarclages au moins dans le premier mois de sa croissance. Pour cette opération, les ouvrières ôtent leurs sabots, se posent sur leurs genoux, et ont soin de se placer vis-à-vis du vent, quelle que soit sa direction. Cette dernière précaution est nécessaire pour qu'après le sarclage, le lin, couché et foulé par le genou des ouvrières, puisse se relever promptement.

Quand, d'après la nature du sol et la dose d'engrais qu'il a reçue, il y a lieu de craindre que le lin ne verse très-facilement, il est nécessaire de le *ramer*; on y procède de la manière suivante : le sol est divisé en planches de 2 m. 50 à 3 m. de large; autour de chaque planche on plante, de deux en deux mètres, de petits piquets fourchus au sommet, dont la hauteur hors de terre ne doit pas dépasser 20 centimètres. Sur cet entourage on pose de minces perches horizontales, fixées par des liens d'osier. Ces perches servent de point d'appui à une sorte de grillage à mailles très-larges, en osier brun ou en baguettes d'aune ou de coudrier; on rame de cette manière le lin, aussitôt après qu'il a reçu son second sarclage. Bientôt, en s'allongeant en hauteur, les tiges du lin passent à travers les mailles du grillage; la récolte se trouve de cette manière isolée par groupes, que les plus fortes pluies d'orage ni les plus violents coups de vent ne sauraient faire verser. Cet avantage compense largement les frais, d'ailleurs peu considérables, à faire pour ramer le lin. La qualité supérieure du lin ramé le fait préférer pour la fabrication du fil de dentelle et pour celle de tous les tissus de lin les plus délicats, ce qui en augmente sensiblement la valeur vénale.

Les principes de la culture du lin, tels qu'on vient de les exposer, sont ceux qui s'appliquent au plus grand nombre des circonstances sous l'empire desquelles le lin peut être cultivé. Ces circonstances sont d'ailleurs tellement variées et il y a tant de cultivateurs qui négligent la culture du lin, faute d'en connaître les modifications appropriées aux diverses conditions locales, qu'on croit devoir ajouter à ce qui précède les détails suivants, puisés dans l'excellent ouvrage de Van Aelbroeck (*Agriculture des Flandres*). Le chapitre consacré au lin par cet agronome, qui est pour la Belgique ce que Matthieu Dombasle est pour la France, comprend à peu près l'exposé de toutes les modifications que peut admette la culture du lin, sous le climat de la Belgique, lequel est sensiblement le même que celui du nord de la France, à partir de la vallée de la Seine.

« Si le lin, dit Van Aelbroeck, est de toutes les plantes industrielles celle qui procure aux cultivateurs flamands le plus de bénéfices, c'est aussi celle dont la culture exige le plus de connaissances spéciales, lorsqu'il s'agit, non pas d'avoir une récolte de lin telle quelle, mais d'obtenir le lin avec le maximun de beauté et de qualité que peuvent atteindre les produits. »

En effet, il n'est pas de plante cultivée qui exige plus de travaux, soit comme préparation du sol, soit comme soin de culture ; il n'en est pas non plus qui puisse être produite avec succès par plus de procédés différents, selon les circonstances diverses de sol, de climat et d'exposition. Ces différences portent pricipalement sur le mode de fumure applicable à chaque genre du sol où le lin peut-être admis ; l'expérience enseigne aux cultivateurs que la dose des divers engrais, leur qualité et la manière de les incorporer à la couche cultivable doivent varier conformément à la nature de chaque sol auquel il est possible de demander une récolte de lin. Avec une attention intelligente apportée dans la préparation du sol et la fumure, toute terre seulement passable peu donner de très-bon lin. Van Aelbroeck constate ce qu'on a fait remarquer ci-dessus, que le meilleur lin croît sur les terres à la fois légères et fertiles ; mais il ajoute que, même dans les terres fortes, compactes, où domine l'argile, avec une quantité suffisante d'humus, le lin peut très-bien réussir, pourvu qu'on amende ces terres avec du sable siliceux, sans en ménager la dose.

Les terres légères doivent être préparées pour les semailles du lin par un labour profond, toujours meilleur quand il est exécuté à la bêche que quand on le donne à la charrue, à la même profondeur. On sait qu'en général, et pour toutes les autres cultures, les terres légères ne sont jamais labourées aussi profondément que les terres fortes ; il y a donc exception lorsque le sol doit être ensemencé en lin. La raison de cette exception, qu'il n'est pas inutile de signaler, c'est que le lin, d'autant meilleur pour sa fibre textile qu'il s'élève plus droit et qu'il a moins de dispositions à se ramifier, enfonce sa racine simple perpendiculairement en terre, à une profondeur ordinairement égale à la moitié de la hauteur totale de la tige ; il importe donc que cette racine rencontre un sol meuble et perméable à la plus grande profondeur possible.

Cette nécessité des labours profonds est, on le comprend, encore plus prononcée quand la terre où le lin doit être cultivé, au lieu d'être légère, est argileuse et compacte. Alors, si l'on opère sur de grandes surfaces, et qu'on ne puisse labourer à la bêche, ce qui est toujours préférable lorsqu'il y a possibilité, on doit donner coup sur coup deux labours croisées, c'est-à-dire que les raies du second sont à angle droit avec les raies du premier; cette manière de labourer est surtout indispensable quand la terre est à la fois forte et naturellement humide, afin qu'elle laisse plus facilement évaporer son excès d'humidité intérieure, et qu'elle soit ouverte le mieux possible aux influences atmosphériques. On sait que le lin ne peut réussir que dans une terre parfaitement ameublie, pour ainsi dire pulvérisée, et qu'il redoute au même degré l'excès du froid, de la sécheresse et de l'humidité. Dans tous les cas, ce n'est que quand la terre a été amenée au degré convenable de division par un labour à la bêche ou par deux labours à la charrue qu'il convient d'y enfouir la fumure. Si le lin doit être semé sur une terre fumée l'année précédente pour une autre culture, il n'y a pas de fumure à enfouir à la suite des labours, et c'est ce qui a lieu le plus souvent. Dans le cas contraire, on ne doit enfouir, pour une semaille de lin, qu'une fumure d'engrais très-consommé, sans préjudice de l'engrais liquide que la terre recevra ultérieurement. La fumure est habituellement, dans ce cas, de 20 à 25 mètres cubes d'engrais par hectare. Cette dose n'est pas forte, mais on fait observer que, d'une part, la terre consacrée à la culture du lin conserve ordinairement une bonne provision de vieille force, et que, de l'autre, 25 mètres cubes de fumier très-avancé en décomposition représentent 50 mètres cubes de fumier récemment tiré de l'écurie ou de l'étable. Quand la terre est légère, on donne la fumure pour une récolte de seigle; dès que le seigle est enlevé, on déchaume, et l'on sème, sur un labour superficiel, des navets pour récolte dérobée. Ces navets étant arrachés vers le milieu de novembre, ou, au plus tard, en décembre, selon l'état de la température, on donne le labour profond, à la bêche ou à la charrue, et la terre reste en cet état jusqu'au printemps de l'année suivante. Dès les premiers beaux jours de février, on laboure et on donne deux hersages croisés. Vers le milieu d'avril, la terre reçoit encore un labour, cette fois superficiel ; des cendres de tourbe sont alors répandues sur le sol labouré, à titre d'engrais pulvérulent, la dose est en moyenne de 20 hectolitres de ces cendres par hectare ; elles sont incorporées au sol par un hersage donné avec autant de soin que s'il s'agissait de recouvrir une semaille de céréales. Après avoir laissé la terre se raffermir pendant 4 ou 5 jours, on repand 30 hectolitres d'engrais liquide très-fort, consistant en vidanges délayées dans le *purin* ou dans l'urine des bestiaux. Quinze jours plus tard, alors que la terre a bien absorbé la fumure d'engrais liquide, et que celle-ci a eu le temps de réagir sur les cendres données précédemment à la même terre, on herse de nouveau. C'est seulement après toutes ces préparations que les bonnes terres légères des Flandres belges sont ensemencées en lin ; les produits sont en rapport avec la perfection des façons préparatoires, ainsi qu'avec la quantité et les propriétés fertilisantes des engrais employés. Quand la terre est très-maigre et qu'on présume qu'il ne lui reste rien ou presque rien des fumures antérieures, au lieu de procéder comme on vient de l'indiquer, on donne le labour profond immédiatement après l'enlèvement de la récolte du seigle, et l'on y répand d'abord les cendres, puis l'engrais liquide quelques jours après, aux mêmes doses que ci-dessus. Les navets semés sur cette fumure ne s'en approprient qu'une faible portion. Ayant été semés un peu tardivement, à cause du temps absorbé par la préparation du sol, ils ne grossissent pas tous également ; on arrache seulement les plus gros, en ayant soin de laisser leurs feuilles sur le terrain, et l'on donne un labour assez profond pour enterrer le reste de la récolte des navets. Ces racines, pourries en terre, sont pour le lin un excellent supplément de fumure, très-bien approprié aux besoins de sa végétation.

Dans les très-bonnes terres, plutôt fortes que légères, le lin est ordinairement précédé d'une avoine qui a reçu une demi-fumure, selon le précepte invariablement suivi par les cultivateurs belges, de ne jamais semer une céréale sans engrais. Quand on n'a pas de fumier à lui donner, on y répand, avec les semailles d'avoine, du guano, de la poudrette, du noir de raffinerie, ou tout autre engrais pulvérulent, dans la proportion d'une demi-fumure. La terre qui, sur cette demi-fumure, n'a porté qu'une avoine est très-bien disposée à donner une bonne récolte de lin, moyennant les façons et la fumure spéciale que réclame cette récolte. Le lin, sur les terres de première classe, réussirait au moins aussi bien s'il succédait à une récolte de féveroles fumées ou de pommes de terre ; mais les fermiers flamands ne lui accordent cette place dans leurs assolements que par exception ; ils trouvent plus avantageux de faire succéder, soit aux pommes de terre, soit aux féveroles, une culture de froment.

Tout près des grandes villes, qui, comme on le sait, sont en Belgique très-rapprochées les unes des autres, les boues provenant du balayage des rues sont souvent employées pour la culture du lin, avec des précautions qu'il importe de faire connaître, car il y a en France bien des localités où cet engrais peut être obtenu en grande quantité à bas prix, et où il serait avantageux de l'appliquer aux terres où le lin peut être cultivé. Les boues des villes ont surtout pour la culture du lin le très-grave inconvénient de favoriser, plus que tout autre engrais, la croissance de la mauvaise herbe, et l'on sait que le voisinage de la mauvaise herbe nuit tellement à la croissance du lin qu'il est indispensable de le sarcler au moins deux fois pendant la première période de sa végétation. Si la terre où l'on se propose de cultiver le lin doit être fumée avec des boues de ville, il faut enfouir la fumure par un labour donné dès les premiers jours de février ; ce labour ne doit pas être trop profond, afin que l'engrais se trouve enfoui presque à fleur de terre : dans le courant d'avril, dès que la mauvaise herbe commence à bien couvrir le terrain, on donne un second labour qui retourne la mauvaise herbe. Sur ce labour, on répand une bonne fumure d'engrais liquide. Quand cette fumure a bien pénétré le sol sur lequel la végétation des plantes sauvages a dû reparaître, on donne un dernier labour et l'on herse deux fois, en long et en large. La terre est alors aussi bien nettoyée qu'elle peut l'être, et le lin peut y être semé dans d'aussi bonnes conditions que si la terre avait reçu tout autre genre d'engrais.

Le fumier de porc est considéré en Flandre comme peu favorable à la végétation du lin; néanmoins, dans les cantons où l'on élève plus de porcs que d'autres bestiaux, et où par conséquent l'on dispose d'une grande quantité de fumier de porc, on peut s'en servir avec succès pour les terres qu'on doit ensemencer en lin ; il faut seulement prendre la précaution de convertir cet engrais en compost, ce qui se fait ordinairement par le procédé suivant. Le fumier de porc est d'abord mis en tas avec son volume de fumier de vache, jusqu'à ce qu'il ait subi son premier mouvement de fermentation. On prend alors dans le champ où le fumier doit être employé un volume de terre égal au volume des engrais mélangés de porc et de vache; cette terre est stratifiée couche par couche avec l'engrais, de manière à former un tas qu'on abandonne pendant trois mois à sa fermentation lente, qui finit par en faire une masse homogène. Deux fois au moins dans cet intervalle, le tas est travaillé à la bêche, de sorte qu'au moment de le répandre il est converti en un véritable terreau. La terre qui a reçu avant l'hiver un labour profond en reçoit un second en février pour enterrer le compost. Ce dernier labour ne doit pas être profond, afin que les racines du lin se trouvent en contact avec le compost dès les premiers moments du développement de la plante. En avril, on laboure encore une fois, mais toujours superficiellement. La terre, déjà bien engraissée avec 35 à 40 mètres cubes du compost précédent par hectare, est alors saturée de 60 hectolitres d'engrais liquide. Dès que cet engrais est bien absorbé, on donne deux hersages croisés, et le sol est prêt pour les semailles du lin; le lin donne de très-bons produits avec une fumure d'engrais de porc employé en compost comme on vient de l'indiquer.

Dans le canton de Roulers, renommé pour ses belles cultures de lin, cette plante est cultivée généralement sur un trèfle rompu, enfoui par un labour le plus profond possible, à la fin de l'automne. Au printemps, on répand à la surface du sol 1,500 kil., par hectare de tourteau pulvérisé qu'on mêle à la couche arable par un labour superficiel; souvent on y joint par hectare 25 hectolitres de cendres, sans diminuer la dose du tourteau. On donne en avril un dernier labour suivi de deux hersages, et on sème la graine de lin sur le sol ainsi préparé. Dans les terres à la fois fortes et fraîches du même canton, on donne pour fumure aux terres qui doivent être ensemencées en lin 60 mètres cubes par hectare d'engrais de bêtes à laine enfoui dès la fin de l'automne; cet engrais ne conviendrait pas au lin dans les terres fertiles, mais légères, où il est le plus ordinairement cultivé.

Dans la partie des Flandres qu'on nomme le *pays de Waes*, entre Gand et Anvers, jamais on ne donne de fumier directement à la culture du lin; mais jamais on ne sème la graine de lin que dans une terre abondammen fumée pour une récolte précédente, et qui conserve au moins la bonne moitié de sa dernière fumure. Dans une terre en cet état, 25 à 30 hectolitres de cendres et autant d'engrais humain liquide par hectare suffisent pour obtenir de très-belles récoltes de lin.

De l'aveu de tous les cultivateurs flamands, ce sont ceux du canton de Courtrai qui récoltent le plus beau lin de la Belgique, par conséquent de toute l'Europe. Les terres de ce canton ne sont pourtant pas particulièrement favorables au lin; ce sont des terres fertiles, mais généralement très-fortes, et dans lesquelles l'argile est en grand excès. Là où le sol est de plus naturellement sec, on répand par hectare 1,500 kil. de tourteau de colza pulvérisé, délayé dans 250 et jusqu'à 300 hectolitres d'urine de bestiaux ou de purin. Quand la terre de même qualité est par elle-même plutôt humide que sèche, le tourteau est répandu à la volée comme engrais pulvérulent et recouvert par un labour superficiel, et il n'est pas fait usage d'engrais liquide.

Telles sont les diverses manières dont les Flamands, sans rivaux pour la culture du lin, fument et préparent la terre pour cette culture. Dans la Sarthe et dans la Mayenne, le lin, cultivé avec moins de soin et de succès qu'en Belgique, n'est semé qu'après un froment suivi d'un trèfle rouge. On donne pour fumure 25 à 30 hectolitres de chaux et une égale quantité de cendres de bois ou de tourbe.

En Allemagne, selon Thaer, le lin est fréquement semé sur une prairie rompue avant l'hiver. Dans ce cas, la terre n'a besoin d'aucun autre engrais; le gazon pourri en terre suffit pour favoriser la végétation du lin. On y ajoute quelquefois une demi-fumure de guano, puis, après la récolte du lin, la prairie est rétablie sans difficulté.

Dans les procédés qui viennent d'être décrits, on peut voir qu'il y a de quoi mettre les cultivateurs de tous les cantons où le lin peut-être cultivé en France en mesure de réussir, aussi bien que dans les Flandres, dans la culture de la première des plantes textiles.

ARRACHAGE.

L'époque de l'arrachage du lin peut varier dans des limites assez larges, selon le but en vue duquel le lin est cultivé.

En Silésie, le lin est arraché pendant sa floraison ou immédiatement après, pour obtenir une filasse très-fine. Cette pratique, qui oblige de renoncer à la récolte de la graine, n'est suivie nulle part ailleurs. En France, on considère le lin comme mûr, au point de vue de la qualité de sa filasse, dès que le tiers inférieur des tiges a pris une nuance jaunâtre. La graine, dont les capsules sont alors remplies, est bien formée, mais imparfaitement mûre; elle ne peut être employée pour les semailles ; elle n'en a pas moins une valeur importante pour l'extraction de l'huile de lin et la fabrication de la farine de graine de lin pour l'usage médical. Il y a donc un terme moyen à prendre pour récolter du lin de bonne qualité comme plante textile et ne pas renoncer complétement à la valeur de la graine.

L'opération de l'arrachage doit être faite avec soin, pour ne rien perdre de cette précieuse récolte. Les brins sont saisis par poignées, tirés un peu de côté et réunis en javelles. Après l'arrachage, on plante au milieu du champ deux piquets à crochets, sur lesquels on pose une perche ; les javelles de lin sont appuyées sur cette perche, en les inclinant légèrement, sur deux rangs, un de chaque côté. Dès le lendemain, les javelles de lin, réunies en bottes, sont entassées sous de petits hangars mobiles, à toit de chaume; le lin en bottes y reste, selon la température plus ou moins chaude, de 25 à 30 jours. Dans cet intervalle, la graine de lin mûrit dans ses capsules, non pas assez pour être propre aux semailles, mais assez pour les usages industriels, ce qui assure son placement.

RÉCOLTE DE LA GRAINE DE LIN.

On emploie pour séparer la graine des tiges divers appareils, suivant les usages locaux. L'un des meilleurs de ces appareils est un banc de bois garni d'un *peigne* composé d'une rangée de pointes de fer très-rapprochées les unes des autres, placé au milieu de la longueur du banc. Deux ouvriers sont assis dessus, un à chaque bout, pour empêcher le banc de basculer. Chacun des deux prend une poignée de tiges de lin et la fait passer entre les dents du peigne, qui arrêtent les capsules et les font tomber à terre. Quand le lin a été récolté assez mûr pour qu'une partie de la graine puisse être conservée comme grain de semence, on met à part cette partie de la récolte dans ses capsules; elle ne doit être battue qu'au moment de s'en servir; le reste est battu à mesure qu'on désire livrer la graine de lin au commerce.

Les lins de première qualité perdent beaucoup de leur valeur vénale quand les brins dont sont formés les bottes ne sont pas tous d'une longueur uniforme, et qu'ils sont mêlés de brins plus ou moins altérés par diverses causes. Les cultivateurs de lins très-fins prennent la peine de *trier* le lin après en avoir séparé la graine; ils éliminent, pour les vendre séparément comme lin de seconde qualité, les brins endommagés ou trop courts, travail long et minutieux, mais sans lequel le plus beau lin perdrait une partie de sa valeur vénale.

Le lin, pendant le cours de sa croissance, peut être attaqué par diverses maladies, dont les plus fréquentes sont le *rouge*, l'*étêtement* et le *charbon*. Ces maladies proviennent, ou de la qualité défectueuse de la graine, qui ne saurait être choisie avec trop de soin, ou de l'influence d'une température anormale, contre laquelle l'homme ne peut rien. Mais le lin a un autre ennemi qu'il est au pouvoir du cultivateur de détruire : c'est la *cuscute*, plante parasite dont les effets désastreux se produisent également sur les champs de luzerne. Quand la cuscute envahit les champs de lin, le seul remède réellement efficace à opposer à ses ravages, c'est le feu. On opère, comme sur les champs de luzerne, en arrachant tout le lin attaqué et en couvrant le terrain de paille, à laquelle on met le feu : c'est un sacrifice quelquefois fort pénible, mais on sauve le reste de la récolte. Il est bon de faire observer que l'emploi de ce remède héroïque n'est efficace que quand on y a recours tout aussitôt qu'on s'aperçoit de la présence de la cuscute dans le lin. Si on a laissé cette plante parasite fleurir et porter graine, comme sa graine, excessivement fine, est dispersée par le vent, il peut arriver que la cuscute reparaisse au bout de quelques jours à côté des places brûlées pour la détruire. On peut aussi arroser le lin attaqué de la cuscute d'une solution de sulfate de fer, dans la proportion de 250 grammes de ce sel par litre d'eau; le sulfate de fer (vitriol vert du commerce) est à bas prix, et son emploi peut produire l'effet désiré, mais à la condition qu'on appliquera le remède dès les premiers débuts du mal, sinon, il est insuffisant, et le feu seul peut détruire la cuscute avec certitude.

ROUISSAGE DU LIN.

Pour pouvoir isoler la fibre textile du lin et en obtenir la filasse, il est nécessaire d'en décomposer en partie l'écorce extérieure par une opération qu'on nomme *rouissage*. Le rouissage du lin se fait *à la rosée* ou *dans l'eau*, soit courante, soit stagnante. Le premier de ces procédés est le plus simple et le moins embarrassant. Sur une prairie naturelle ou artificielle on étend, pendant les mois de janvier et de février, le lin en couches minces qu'on retourne tous les jours ou tous les deux jours. Plus la température et douce, moins le rouissage à la rosée exige de temps; il ne dure jamais moins d'un mois, et peut durer le double, lorsqu'il survient des froids rigoureux.

Quelque soin qu'on apporte dans la pratique du rouissage à la rosée, il ne donne jamais pour résultat une filasse aussi fine et aussi belle que celle du lin roui dans l'eau ; ce dernier procédé est préféré partout où les circonstances locales le rendent possible.

Le rouissage à l'eau est pratiqué, soit dans l'eau stagnante, soit dans l'eau courante. Pour le rouissage à l'eau stagnante, on établit des fosses nommées *routoirs*, dans lesquelles les bottes de lin sont placées, soit debout, soit horizontalement ; il faut que l'eau dont on dispose pour submerger le lin soit exempte, ainsi que le sol dans lequel est creusé le routoir, de parties ferrugineuses, dont la présence détériore la filasse, en la rendant ultérieurement trop difficile à blanchir. Pour le rouissage à l'eau courante, il faut disposer d'une eau tranquille, propre, suffisamment profonde, peu sujette aux crues subites, qui mettraient le lin en contact avec des eaux troubles et limoneuses. Le lin roui dans l'eau courante est contenu dans des cages en bois qu'on assujettit solidement à des pieux sur le rivage.

Le rouissage à l'eau stagnante dure en moyenne de 8 à 10 jours ; il faut que la température ait été bien défavorable pour qu'il soit nécessaire de le prolonger jusqu'à 15 jours, terme extrême de sa durée. Le rouissage à l'eau courante peut varier dans des limites plus étendues ; il ne dure jamais moins de 5 jours et se prolonge quelquefois pendant 20 jours, jamais au delà. Dans la Flandre occidentale, où ce mode de rouissage est très-usité, et où les eaux de la Lys passent pour communiquer au lin une qualité particulière, la durée du séjour du lin dans l'eau est de

9 à 10 jours, quand on opère pendant le mois de mai; elle est de 7 jours seulement en août, et de 12 jours en octobre.

Divers procédés de rouissage sont usités au moyen d'appareils qui soumettent le lin à l'action de l'eau bouillante ou à celle de la vapeur d'eau et de différentes lessives à une température élevée; ces procédés sont purement industriels, ils sortent du domaine de l'agriculture.

Le rouissage à l'eau stagnante ou à l'eau courante ayant produit tout son effet, les bottes de lin sont retirées de l'eau et disposées en tas coniques reliés à leur sommet. Dès qu'on juge les bottes de lin suffisamment sèches à l'intérieur, elles sont déliées et étendues sur le pré, où le lin demeure pendant une quinzaine de jours. C'est ce qu'on nomme dans le Nord l'*arrière-rouissage*, opération qui se pratique avec autant de soin que le rouissage à la rosée, pour le lin qui n'a passé ni par la rivière ni par le routoir. L'arrière-rouissage est donné au lin roui de la fin de février au 15 mai; il produit d'autant plus d'effet qu'il est donné de meilleure heure au printemps.

TEILLAGE DU LIN.

Il reste ensuite à faire sécher le lin dans un four tiède, et à en séparer les *chènevottes* par l'instrument appelé *broïe*. C'est un chevalet monté sur quatre pieds et percé de quatre fentes dans le sens de sa longueur. Un manche à charnière, muni d'une poignée, supporte quatre lames de bois, dont chacune entre dans une des fentes de la broïe. L'ouvrière prend de la main gauche une poignée de lin roui et séché, de la main droite, elle soulève le manche de la broïe et le laisse retomber trois ou quatre fois; les chènevottes brisées tombent à terre, et la filasse reste nette dans la main gauche de l'ouvrière. A la campagne, dans les cantons où le lin est généralement cultivé, ce travail, qu'on nomme *teillage* du lin, se fait de préférence la nuit, au clair de lune; on évite, avec raison, de teiller le lin dans un local fermé, à proximité d'une lumière : sans cette précaution, la nature excessivement inflammable des chènevottes du lin pourrait donner lieu à de fréquents incendies. Quand on peut avoir, à un prix modéré, la main-d'œuvre des ouvrières pour le teillage du lin, il est plus avantageux pour le cultivateur de fair rouir et teiller sa récolte de lin que de la vendre telle qu'elle est après la séparation de la graine. Mais il faut pour cela que le producteur soit assez aisé pour n'avoir pas besoin de rentrer immédiatement dans ses avances; car, pour que la filasse de lin possède toutes ses qualités, le lin doit avoir été roui et teillé un an ou même deux ans après avoir étérécolté. C'est ce qui souvent oblige le producteur à vendre son lin *en branches*, selon le terme reçu, quoiqu'il sache très-bien que ce mode de vente est le moins avantageux.

Les frais de culture du lin sont composés d'éléments variables, tels que le loyer, la main-d'œuvre et le prix de la graine pour les semailles; dans le Nord, un hectare de lin non ramé revient en moyenne, tout compris, de 500 à 600 francs. Le lin ramé ne revient pas à moins de 800 à 900 francs par hectare; le bois employé pour ramer le lin ne dure pas plus de trois ans.

Les produits sont aussi variables que les frais. Un hectare de lin, dans de bonnes conditions, peut produire de 10,000 à 12,000 kilog. de lin en branches, dont le prix se balance entre 100 francs les 1,000 kilog. pour les lins communs, et 250 francs les 1,000 kilog. pour les plus belles qualités. Le lin en branches rend en moyenne, pour les qualités communes, 1,000 kilog. de filasse pour 6,000 kilog. de matière première; celui de première qualité rend 1,000 kilog. de filasse pour 5,000 kilog. de lin en branches, ce qui, à part la supériorité de qualité, rend compte de la différence énorme des prix. Ceux qu'on indique ici sont ceux des dernières années; ils tendent plutôt à augmenter qu'à diminuer. La graine de lin, dont le prix varie dans des limites très-larges, peut donner de 12 à 15 hectolitres par hectare; mais, comme dans cette culture la graine est complétement sacrifiée à la belle qualité de la fibre textile, il arrive assez souvent que la graine d'un très-beau lin, ayant été récoltée avant sa maturité, est de qualité inférieure et n'obtient pas un prix très-élevé. La graine de lin bien mûre se vend à un bon prix; mais alors la filasse est tout à fait inférieure et constitue le producteur en perte. Il ne peut être avantageux de cultiver le lin principalement pour sa graine, et accessoirement pour sa filasse, que dans des terres où, de quelque manière qu'on s'y prenne, il n'est pas possible d'obtenir de lin de première qualité.

CHANVRE.

Le chanvre, de même que le lin, n'a pas donné par sa culture, sous une grande variété de climats et dans des conditions très-diverses, des variétés distinctes, botaniquement parlant; on en connaît en agriculture deux sous-variétés seulement, le *chanvre commun* et le *chanvre du Piémont*, qu'on désigne aussi sous le nom de *chanvre de Bologne*. Ce dernier ne se distingue par aucun caractère du chanvre commun, il n'en diffère que par ses dimensions plus grandes ; si l'on ne fait pas venir tous les ans ou tous les deux ans la graine du chanvre de Bologne de son pays natal, il dégénère et revient à l'espèce commune. Néanmoins, il offre, au point de vue agricole, un grand intérêt par une particularité trop peu connue. Dans beaucoup de terres de fertilité moyenne, propres à la culture du chanvre, cette plante, sans cause connue, reste courte, et ne prend pas en hauteur un accroissement suffisant pour donner une filasse propre aux usages industriels. Si, dans ces mêmes terres, on sème de la graine de chanvre du Piémont, il n'y prend pas les dimensions ordinaires qui lui sont propres ; mais, tout en restant au-dessous de sa taille habituelle, il atteint ou même dépasse celle du chanvre commun : de sorte que la filasse de ce chanvre vaut celle du chanvre commun récolté dans les meilleurs terrains. Depuis quelques années, on a aussi essayé en France la culture du *chanvre géant de la Chine* ; ce chanvre paraît appartenir à une espece réellement distincte : cette culture est trop récente pour pouvoir être appréciée.

On prépare et l'on fume le terrain pour le chanvre comme pour le lin, et, ainsi qu'on l'a fait remarquer, ces deux cultures, auxquelles les mêmes terrains conviennent, se succèdent très-bien l'une à l'autre. Il n'y a entre elles qu'une différence, toute à l'avantage du chanvre. Tandis que, comme on l'a vu, le lin ne peut revenir à la même place qu'à de très-longs intervalles, le chanvre, moyennant une fumure égale à celle qu'on accorde à une récolte de lin, peut revenir tous les deux ans sur la même terre, pendant un temps indéfini, sans qu'on remarque, ni dans la quantité, ni dans la qualité de ses produits, aucune diminution sensible. Les deux sous-variétés de chanvre cultivé se comportent de même sous ce rapport. On nomme *chènevières* les terres où ce système de culture est pratiqué de temps immémorial; elles n'ont rien perdu de leur fertilité. La fumure est ordinairement donnée à la chènevière l'année où elle ne porte pas de chanvre. On obtient sur la fumure une récolte de légumes, et, l'année suivante, un très-beau chanvre.

La graine de chanvre doit être choisie récente, d'un gris clair, à écorce extérieure lisse et lustrée; l'intérieur, lorsqu'on coupe une graine en deux, doit être plein, sans vide entre l'écorce et l'amande; la coupure de celle-ci doit être grasse et huileuse: ce sont les signes ordinaires d'une graine bien mûre et de bonne qualité.

Lorsqu'on s'en tient à l'espèce commune, on peut tirer la graine de son voisinage immédiat; il suffit de ne pas semer celle de sa propre récolte. Si l'on adopte le chanvre du Piémont, il est nécessaire de tirer la graine d'Italie, sinon tous les ans, au moins tous les deux ans. Le chanvre craint le froid beaucoup plus que le lin; il ne doit être semé que quand il n'y a plus de gelées tardives à craindre. Il ne faut pas semer le chanvre dans une terre sèche; il importe que la graine lève le plus rapidement possible, car c'est celle dont les oiseaux sont le plus avides; quand, en raison de la sécheresse, la graine de chanvre tarde à lever, la plus grande partie de la semaille devient la proie des oiseaux. On ne peut pas employer moins de quatre hectolitres de graines de chanvre par hectare ; c'est ce qu'on sème quand on ne veut avoir qu'une filasse solide mais grossière, propre à la fabrication des cordes ou des grosses toiles. Si l'on a en vue la production d'une filasse fine, pouvant servir à fabriquer des toiles égales aux meilleures toiles de fil de lin, il faut semer à raison de cinq à six hectolitres par hectare.

A moins que le sol de la chènevière ne soit très-infesté de mauvaise herbe à racines vivaces, le chanvre n'a pas besoin d'être sarclé ; il étouffe complétement la mauvaise herbe annuelle, et c'est même une des raisons pour lesquelles le lin réussit très-bien à la suite d'une récolte de chanvre. On divise la chènevière en planches étroites, séparées par des sentiers de service ; cette disposition est nécessaire pour faciliter l'arrachage du chanvre, qui doit se faire à deux reprises différentes. Le chanvre est une plante *dioïque*, c'est-à-dire que les fleurs mâles et les fleurs femelles naissent sur des pieds séparés : les plantes mâles mûrissent les premières, comme l'indique le ton jaune que prennent leurs feuilles et leurs tiges ; celles des plantes femelles restant d'un vert foncé. Les passages ménagés à dessein entre les planches étroites de la chènevière permettent d'y circuler pour l'arrachage des plantes mâles, sans déranger les plantes femelles, qui doivent rester sur pied jusqu'à la maturité de la graine. Quand le *chènevis*, ou graine de chanvre, est presque mûr, on arrache le chanvre femelle, dont les bottes, placées debout en faisceaux, restent sur le terrain cinq à six jours, pendant lesquels la graine achève de mûrir ; on la sépare pour le battage : elle donne une huile commune, propre seulement à la fabrication du savon noir et à quelques autres usages industriels.

Le rouissage et le teillage du chanvre se font comme ceux du lin, et par les mêmes procédés. L'odeur infecte que répand le chanvre roui oblige à éloigner les routoirs des lieux habités ; on ne permet jamais le rouissage du chanvre dans les rivières, où il ferait périr le poisson.

La culture du chanvre est encore moins répandue en France que celle du lin, quoiqu'elle ne soit pas à beaucoup près entourée des mêmes difficultés. Dans beaucoup de départements, chaque cultivateur conserve tous les ans au chanvre un terrain très-limité, considéré et traité par lui comme une dépendance de son jardin. Il y récolte tout juste assez de chanvre pour pouvoir obtenir la quantité de fil nécesaire à la fabrication de la toile commune, mais très-solide, destinée à l'entretien du linge de la famille ; aucune portion de la récolte de chanvre n'est mise dans le commerce.

Cependant les terrains favorables à la culture du chanvre ne sont rares nulle part, et, comme le chanvre peut toujours alterner avec une culture de légumes secs, il ne dérobe par le fait aucun espace à la production des denrées alimentaires. Le chanvre est, pour cette raison, l'une des plantes industrielles dont la culture peut prendre le plus d'extension, en répandant l'aisance dans les campagnes, sans porter aucun préjudice aux autres branches de la production agricole. Les recherches de la chimie agricole moderne ont démontré que la meilleure terre pour la culture du chanvre est la terre argilo-calcaire de première classe, dans laquelle l'argile, le sable et la chaux se rencontrent à peu près par parties égales, avec un quart ou un cinquième d'humus ou terreau. C'est pour cette raison qu'on obtient d'admirables récoltes de chanvre sur une prairie naturelle retournée, sur une luzerne rompue, après qu'on en a tiré une première récolte d'avoine, et sur le sol raffermi d'un étang désséché.

Mais beaucoup de terres, sans réunir complétement les mêmes conditions de fertilité, si elles ne peuvent pas être converties en chènevières permanentes, peuvent très-bien donner périodiquement de très-bonnes récoltes de chanvre, matière première toujours demandée, d'une consommation immense, d'un placement facile, et dont la France est approvisionnée en partie par l'importation. Il faut, à cet effet, améliorer ces terres par les engrais qui conviennent particulièrement au chanvre, et les soumettre à des procédés de culture qu'il est utile de faire connaître.

Le point capital, c'est de ne pas ménager l'engrais; mais il faut observer que, bien qu'une petite quantité de guano et de colombine, engrais très-animalisés, favorise efficacement la croissance du chanvre, ce qui convient le mieux à la culture de cette plante, ce sont les engrais principalement formés de matières végétales. Ces engrais ne produisent tout leur effet utile que quand ils peuvent être intimement mêlés à la couche cultivable; il importe donc que le sol soit ameubli autant qu'il peut l'être. Pour peu qu'il soit tenace et compacte de sa nature, l'année qui précède celle où il doit porter une récolte de chanvre, le sol, profondément labouré, sera façonné en gros billons à l'entrée de l'hiver, afin qu'il subisse sans obstacle l'action des gelées et des dégels, et qu'il s'ameublisse aisément par les labours qu'il recevra au printemps de l'année suivante. Dès les premiers beaux jours de la fin de février, les billons sont refendus par le milieu, au moyen du buttoir, et la fumure est amenée sur le terrain. Cette fumure, on ne peut trop insister sur ce point, doit être surtout de nature végétale; les feuilles, la mauvaise herbe, les gazons, entassés et stratifiés avec de la terre, arrosés largement avec l'urine des bestiaux, forment un compost d'une grande puissance fertilisante pour la culture du chanvre, surtout si l'on peut y joindre 15 à 20 hectolitres de cendres par hectare et 150 à 200 kil. de guano ou de colombine. Là où la terre est plus légère que forte, et peut facilement être ameublie au dégré convenable, sans recourir au *billonnage* pendant l'hiver, si l'on manque d'engrais disponible pour la culture du chanvre, il faut, aussitôt après la moisson des céréales, y semer, sur un léger labour, de la graine de navets, en ne ménageant pas la semence. Peu importe que les racines restent peu volumineuses, puis qu'elles ne doivent pas être récoltées. Dans la première quinzaine de décembre, on profite de quelques uns des rares beaux jours de cette saison pour enfouir les navets, feuilles et racines, par un labour *profond* et très-soigné. Cette abondante végétation, qui ne tarde pas à pourrir en terre, produit beaucoup d'effet sur la croissance du chanvre; c'est la moins coûteuse des fumures qu'on puisse donner à cette culture.

La graine de chanvre doit être semée dès le lendemain du dernier labour et recouverte par un léger hersage. Il importe qu'elle puisse lever très-pomptement; car, si, entre le moment où la graine de chanvre est confiée au sol et celui où elle commence à germer, il survient une pluie violente qui *plombe* la surface du sol, la levée est manquée et la récolte est perdue: il faut donner à la terre une autre destination.

On a donné ci-dessus le mode le plus ordinaire de récolter le chanvre femelle et d'en séparer la graine mûre. Dans les cantons où le chanvre est cultivé avec le plus de soin, les bottes de chanvre femelle sont disposées en rond sur le sol, toutes les têtes au centre, toutes les racines en dehors. L'arrachage est exécuté 5 à 6 jours avant la complète maturité de la graine. Les racines sont chargées d'un décimètre de terre, et les sommités remplies de graine sont couvertes d'une couche épaisse de paille, afin d'empêcher les oiseaux, spécialement les moineaux francs, de dévorer le *chènevis*. En 5 à 6 jours, la graine est parfaitement mûre; il n'est pas nécessaire de recourir au battage pour la séparer des tiges, elle s'en détache d'elle-même quand on secoue les bottes de chanvre femelle au-dessus d'un tonneau défoncé, amené à cet effet sur le terrain. C'est le mode le plus rationnel de récolter cette graine.

Lorsqu'on désire obtenir, pour les semailles, de la graine de chanvre de toute première qualité, on répand à la volée quelques poignées de bonne graine de chanvre dans un champ de pommes de terre après qu'il a été butté. S'il lève un trop grand nombre de pieds de chanvre, on en arrache une partie, afin qu'ils ne puissent nuire à la végétation des pommes de terre. Les pieds de chanvre femelle nés de ces semis, se trouvant isolés de tous côtés, se ramifient beaucoup, de sorte qu'ils ressemblent à des arbustes; ils donnent une grande quantité de graine, de beaucoup supérieure pour les semis à la graine de chanvre récoltée dans les conditions ordinaires.

Les cultivateurs qui tiennent à tirer de leur récolte de chanvre le meilleur parti possible sans prendre la peine de faire rouir le chanvre eux-mêmes et d'en extraire la filasse ne peuvent le vendre avantageusement *en branches* qu'en ayant soin d'en opérer le triage et d'*assortir* les brins de manière à ne mettre dans chaque botte que des brins d'égale longueur. Le travail de ce triage, qui peut être fait par des femmes et des enfants, n'est pas de la peine perdue; le chanvre en branches est déprécié aux yeux de l'acheteur et perd une partie de sa valeur vénale lorsque les bottes sont formées de brins d'inégale longueur.

GENÊT D'ESPAGNE.

Depuis plus de dix ans, les fabricants de papier s'alarment, non sans motif, de la rareté toujours croissante des matières premières propres à leur industrie. Le fibre textile du genêt d'Espagne, utilisée de tout temps dans plusieurs cantons du midi de la France pour la fabrication des toiles communes, est également propre à la fabrication du papier de toute qualité, ce qui mérite au genêt d'Espagne une place parmi les plantes industrielles. Voici dans quels termes le baron de Morogues décrit la culture et les usages de ce genêt comme plante textile, devenue de nos jours doublement précieuse et digne d'être cultivée en grand comme plante à papier : « Dans les environs de Lodève, dit M. de Morogues (*Cours d'agriculture*, t. II, page 387), on sème de temps immémorial le genêt d'Espagne dans les lieux les plus arides, sur les coteaux les plus en pente; c'est en janvier, après un léger labour, qu'on fait cette opération. On doit employer plutôt trop de semence que trop peu, parce qu'il arrive assez souvent qu'elle n'est pas bonne ; on peut d'ailleurs toujours éclaircir de manière à ce que les plantes soient espacées environ à 60 centimètres dans tous les sens. Au bout de trois années, pendant lesquelles on n'a eu qu'à défendre la plantation contre la dent des bestiaux, elle commence à donner des rameaux assez longs pour être coupés, et dont on peut extraire la filasse. C'est dans le courant du mois d'août que se fait la récolte du genêt d'Espagne. Pour cet objet, on rassemble les rameaux en petites bottes, qu'on met tremper quelques heures dans l'eau après leur dessiccation, et qu'on fait ensuite rouir dans la terre, en les arrosant tous les jours. Au bout de huit à neuf jours, on retire les bottes de terre, on les lave à grande eau et on les fait sécher. Pendant l'hiver, quand les travaux de la terre sont suspendus, on *teille* les rameaux du genêt d'Espagne. Le fil qui en provient est un peu gros, parce que, n'étant pas un objet de commerce, sa filature ne se perfectionne pas ; mais, tel qu'il est, il suffit exclusivement aux besoins de plusieurs milliers de familles. »

On croit devoir ajouter que, même sous le climat de Paris, le genêt d'Espagne, répandu dans tous nos bosquets comme arbuste d'ornement à cause de l'abondance et de l'odeur suave de ses fleurs, gèle très-rarement ; il ne gèle jamais dans les départements au sud de la Loire. La culture du genêt d'Espagne, comme arbuste à papier, peut donc fournir un emploi très-utile et très-peu coûteux des terrains incultes en pentes rapides dans un grand nombre de départements.

PLANTES TEXTILES DE SECOND ORDRE.

Les plantes textiles autres que le lin et le chanvre qui peuvent être cultivées avec avantage n'ont pas pris place dans l'agriculture française, et ne sont ici mentionnées que pour mémoire.

L'asclépias de Syrie, aussi désigné sous le nom d'*apocyn à la ouate*, fournit à l'industrie deux produits distincts. En Silésie, où cette plante textile est cultivée depuis très-longtemps, on utilise en guise de ouate les fibres soyeuses dont ses graines sont enveloppées et les fibres textiles de ses tiges; ces deux produits ne peuvent être filés et tissés qu'en les associant à la bourre de soie. La culture de l'asclépias à la ouate n'offre qu'un seul avantage; elle réussit dans les terrains pierreux les plus arides, dont il serait impossible de tirer de toute autre manière un parti quelconque.

L'ortie blanche de la Chine, introduite depuis plus d'un siècle dans les jardins botaniques d'Europe, n'a pas pris pied dans l'agriculture européenne comme plante textile. Néanmoins, depuis que la Chine nous a envoyé, sous le nom d'*a-poo* (toile d'été), de fort belles toiles fabriquées avec la filasse d'ortie blanche, les essais de culture de cette plante ont été repris dans le département de Vaucluse, et les premiers résultats paraissent assez satisfaisants; cette culture ne peut, quant à présent, être jugée.

Dans le nord de l'Europe, particulièrement en Suède, on fabrique d'excellentes toiles avec la filasse extraite des tiges de l'ortie commune, qui, si elle était cultivée comme plante textile en France, offrirait l'incontestable avantage d'utiliser les sols pierreux impropres à toute autre culture de plus, l'ortie commune est vivace, de sorte qu'une fois en possession du sol, elle s'y maintient à perpétuité. Toutes ces raisons doivent faire regretter que l'ortie commune ne soit pas cultivée en France dans des situations où sa filasse, aussi bonne que celle du chanvre, pourrait être obtenue à peu près pour rien. Il suffirait d'enlever les racines de la plante, qui croît partout surabondamment à l'état sauvage, et de les transplanter en lignes, à 25 ou 30 centimètres en tous sens. Le procédé du rouissage à la rosée est le meilleur à suivre pour rouir les tiges de l'ortie commune et en séparer la fibre textile.

Le *mélilot de Sibérie*, en voie de progrès comme plante fourragère dans plusieurs de nos départements du Centre, paraît aussi devoir prendre rang parmi les plantes textiles. Ses tiges qui, quand la graine est semée assez clair, s'élèvent à plus de deux mètres, étant rouies comme le chanvre, donnent, dit-on, une filasse très-solide. La culture du mélilot de Sibérie, comme plante textile, en est encore à sa période d'expérimentation.

PLANTES OLÉIFÈRES.

Les plantes à graines oléifères sont, comme les plantes textiles, au rang des plus avantageuses à cultiver, en raison du bénéfice immédiat que donne la vente de leurs produits; mais il faut se garder d'en abuser, car elles enlèvent au sol des principes de fertilité qu'elles ne lui rendent pas. On cultive en France, comme plantes oléifères, le *colza*, la *navette*, le *pavot-œillette* et la *caméline*; trois autres plantes, le *madi* (*madia sativa*), le *sésame d'Orient* et l'*arachide* ou *pistache de terre*, ont été essayées en France comme plantes oléifères du second ordre; mais leur culture ne s'est pas soutenue, et elles n'ont pas pris place dans la grande culture.

COLZA.

Le colza, comme l'indique son nom flamand (*Coal-zaet*, *graine de chou*) est un chou qui ne pomme pas, se ramifie beaucoup et donne une grande abondance de graines très-riches en huile propre à l'éclairage et à une foule d'autres usages industriels.

On cultive deux variétés de colza, qui ne diffèrent entre elles par aucun caractère botanique, mais qui ne peuvent être confondues par le cultivateur; car l'une est annuelle, l'autre bisannuelle; on les connaît pour cette raison sous les noms de *colza d'hiver* et de *colza de printemps*.

CULTURE DU COLZA D'HIVER.

Le *colza d'hiver* ou bisannuel est le plus généralement cultivé; on en connaît, dans le nord de la France, deux sous-variétés parfaitement semblables entre elles sous tous les rapports, excepté sous celui de la marche de leur végétation; la première, à floraison très-précoce, porte le nom de *colza chaud*; la seconde, qui fleurit un peu plus tard et se ramifie un peu moins, est nommée *colza froid*; l'une et l'autre sont soumises au même mode de culture.

Toute bonne terre à blé convient au colza, surtout quand elle est naturellement saine, ou assainie par le drainage ; mais on peut obtenir de très-bonnes récoltes de colza dans des terres légères, siliceuses, d'une fertilité médiocre, pourvu qu'elles soient suffisamment fumées. C'est ainsi, notamment, que, sur les terres de bruyères récemment défrichées, dès la seconde année de leur mise en culture, on peut obtenir sur la fumure, en tête de l'assolement, une bonne récolte de colza qui rembourse les frais du défrichement et qui ne compromet pas la fertilité ultérieure de la terre.

La méthode ordinaire dans le Nord, où la culture du colza est le mieux entendue, exige des frais et du travail en proportion des bénéfices qu'on en peut attendre. Il lui faut d'abord une fumure entière, de 50 à 60 mètres cubes par hectare, et trois façons à la charrue, dont la dernière enfouit la fumure. Le sol est alors divisé en planches de 3 mètres de large, séparées par des rigoles commencées à la charrue et terminées à la bêche. Tout ce travail doit être achevé en octobre ; quelques jours avant de planter le colza, on répand sur le terrain 150 à 200 hectolitres, par hectare, de purin dans lequel on a délayé 1,600 kil. de tourteau de colza pulvérisé. Une partie de cet engrais liquide tombe dans les rigoles qui séparent les planches c'est une réserve qui trouve son emploi plus tard.

Dans le courant de juillet, à la suite d'une pluie d'orage qui a suffisamment humecté la terre, on sème le colza en pépinière, dans un terrain labouré à la bêche et largement fumé ; il faut semer clair, pour que le plant, suffisamment espacé, ne s'allonge pas trop et soit fort et trapu au moment où il est arraché pour être transplanté à demeure dans la terre préparée comme ci-dessus. Plus le plant de colza est robuste en pépinière, mieux il résiste aux intempéries de l'hiver, qu'il ne supporte pas toujours sous le climat du nord de la France. Avant les premiers froids, quand le plant de colza s'est bien emparé de sa nouvelle position, on approfondit à la bêche les rigoles qui séparent les planches. La terre qu'on en retire et qui est imbibée d'engrais liquide, est déposée en grosses mottes dans les intervalles des lignes de plant de colza; les alternatives de gelées et de dégels font tomber ces mottes en miettes, ce qui rechausse le collet des racines de colza et le dispose à végéter vigoureusement au printemps.

Dans la petite et la moyenne culture, le colza est planté au plantoir, en lignes, à 30 ou 35 centimètres de distance en tous sens. Dans la grande culture, on ne peut planter qu'à la charrue, sans quoi la main d'œuvre manquerait pour terminer la plantation en temps utile. Les ouvrières suivent la charrue, portant des brassées de plant qu'elles déposent dans la raie à la distance prescrite; la charrue recouvre les racines du colza en ouvrant la raie suivante; un coup de talon donné à chaque pied de colza par une ouvrière chaussée de sabots termine l'opération.

Dès que le colza d'hiver se dispose à fleurir, à la fin d'avril ou dans la première quinzaine de mai, des ouvrières passent dans les rigoles, entre les planches de colza, et *étêtent* le plant, en enlevant le sommet de la pousse terminale. Les fleurs de ce sommet sont presque toutes stériles; l'étêtement, en les supprimant, fait refluer la séve au profit des pousses latérales qui fleurissent abondamment, et se chargent de siliques remplies de graines de bonne qualité.

Dans les autres parties de la France, où depuis trente ans la culture du colza s'est propagée, l'engrais liquide n'est pas employé; on plante le colza sur une bonne fumure, et, sauf l'usage de l'engrais liquide, tout le reste de la culture est le même que dans le Nord. On cultive aussi, dans quelques-uns de nos départements de l'est, le colza sans transplantation. Dans ce cas, le sol est façonné en billons et la fumure est enfouie sous les billons. Après avoir aplati la crête des billons en y passant un rouleau de bois léger, on y sème le colza en place; le plant est éclairci quinze jours après qu'il est levé, afin qu'il se trouve espacé à 30 ou 35 centimètres dans les lignes; plus tard, on étête le colza quand il se dispose à fleurir.

CULTURE DU COLZA DE PRINTEMPS.

La culture du colza annuel ou de printemps diffère de celle du colza d'hiver en ce qu'il ne peut pas être transplanté. On prépare le terrain comme pour une semaille de froment de printemps, puis on sème en place, en lignes, et l'on éclaircit le plant pour qu'il soit convenablement espacé. Le colza de printemps ne doit pas être semé avant la seconde quinzaine de mai : l'expérience démontre que quand on le sème plus tôt il est envahi par des millions de pucerons dont la multiplication ne peut être contenue; ces insectes dessèchent les siliques en les suçant, et la récolte se réduit à rien. Semé vers la fin de mai, le colza de printemps échappe à cet ennemi; il mûrit tard et ne peut être récolté qu'en automne; mais la récolte est intacte. La graine du colza de printemps n'est jamais ni aussi abondante, ni d'aussi belle qualité que celle du colza d'hiver; aussi ce colza est-il rarement cultivé; il réussit très-bien sur le sol frais d'un étang récemment desséché ou d'un marais assaini par le drainage.

La récolte du colza doit être faite un peu avant la parfaite maturité de la graine, quand la plus grande partie des siliques passe du vert au jaune. Les plantes coupées ou arrachées avec précaution sont réunies en faisceau par des liens de paille de seigle; elles restent debout un jour ou deux sur le terrain, pour que la graine achève de mûrir. On étend alors à terre de grandes toiles sur lesquelles le colza est immédiatement battu. S'il fallait le transporter à la ferme pour le battre, on en perdrait une grande partie par l'égrenage. Un colza d'hiver bien cultivé en bon terrain, suffisamment fumé, peut donner de 25 à 30 hectolitres de graine par hectare; le colza de printemps produit rarement au delà de 15 à 18 hectolitres par hectare.

La place du colza dans l'assolement varie selon le degré de fertilité des terres dans lesquelles on le cultive; dans les bonnes terres à blé, de qualité moyenne, le colza vient sur la fumure, en tête de l'assolement; à moins qu'on ne puisse disposer en faveur de cette récolte d'une très-forte dose d'engrais solide ou liquide, il est prudent de ne l'admettre qu'une fois tous les huit ans. Si, par exemple, l'assolement adopté est quadriennal, le colza y reviendra sur la fumure, après deux rotations de quatre ans; le fermier aura ainsi tous les ans un huitième de ses terres en colza,

Quand la culture du colza, longtemps cantonnée dans le nord de la France, fut introduite pour la première fois, il y a environ 40 ans, dans les départements de l'ancienne Normandie, elle y donna dès le début de très-beaux résultats qui la mirent tout aussitôt en grande faveur. Il y eut à ce moment une panique parmi les propriétaires, persuadés bien à tort que la culture du colza allait ruiner leurs terres pour toujours; les baux conclus à cette époque interdirent presque tous formellement aux fermiers de cultiver le colza. Mais, peu à peu, cette interdiction fut levée; il ne fut pas difficile de faire comprendre aux propriétaires que le colza, pourvu qu'on n'en abuse pas, n'est pas plus épuisant que toute autre plante industrielle; il l'est même moins, dans ce sens que le tourteau de graine de colza, soit qu'on l'emploie en nature comme engrais pulvérulent, soit qu'on le fasse consommer par le bétail, retourne toujours en grande partie à la terre. D'ailleurs, les bénéfices que la culture du colza procure au fermier sont considérables, et, quand il comprend ses intérêts, il ne manque pas d'employer une partie de l'argent provenant de la vente de la graine de colza, en achat de guano ou d'autres engrais qui maintiennent la terre à son maximum de fertilité; c'est ce qui a lieu dans les départements du nord de la France, où le colza est cultivé de temps immémorial et où cependant la fertilité du sol n'a pas diminué.

Matthieu de Dombasle a consigné, dans les annales de Roville, le résultat d'une culture de colza de 14 hectares: elle avait donné un produit brut de 6,076 francs, et un produit net, tous frais déduits, de 2,044 fr., soit 146 fr. par hectare. Au prix actuel, dans les terres bien cultivées, d'un degré de fertilité comparable à celui des terres de la ferme-école de Roville, le produit du colza, dans les bonnes années, se balance entre 160 et 200 francs de bénéfice net par hectare; il y a peu de cultures aussi productives.

Le colza, dans les régions agricoles au climat tempéré, aux hivers peu rigoureux, peut rendre à l'agriculture de grands services comme plante fourragère. Au lieu de se borner, comme on le fait dans le Nord, à répandre de la graine de colza sur les chaumes des céréales, afin de rendre plus avantageux le parcours de ces chanvres par les troupeaux de bêtes à laine, on enterre les chanvres par un léger labour donné le plus tôt possible après la moisson, on herse, et l'on sème la graine de colza. Dès la fin de septembre, le colza peut être pâturé sur place par les moutons, avec la précaution de ne pas leur laisser détruire les jeunes plantes; ce qui aurait lieu si les moutons y revenaient trop souvent. Au printemps de l'année suivante, le colza repousse et fleurit de très-bonne heure; on le fauche au moment où il commence à fleurir; c'est un aliment de choix, réservé pour les vaches *fraîches de lait*, et pour les brebis qui allaitent leurs agneaux. La fumure est ensuite amenée sur les terrains; les racines du colza enfouies avec la fumure en augmentent l'efficacité. Quand la ferme peut se passer du colza semé pour fourrage l'année précédente, cette plante, enfouie de bonne heure, constitue un excellent engrais végétal, soit pour une céréale de printemps, soit pour une culture de betteraves.

NAVETTE.

On cultive deux variétés de navette, la *navette bisannuelle* ou *navette d'hiver*, et la *navette annuelle* ou *na-*

vette de printemps. La graine de ces deux variétés donne une huile peu inférieure à l'huile de colza, et propre aux mêmes usages. La culture de la navette est beaucoup plus simple que celle du colza, parce que la navette n'a pas besoin d'être transplantée. On sème la graine de navette soit à la volée, soit en lignes, à raison de 4 à 5 hectolitres par hectare, dans une terre fumée l'année précédente et façonnée comme pour une céréale d'hiver. La navette donne de très-belles récoltes sur les terres de seconde qualité. L'intervalle qui s'écoule entre la moisson des céréales et le 15 septembre comprend l'époque la plus favorable pour les semailles de navette. Il importe que la graine reste en terre le moins longtemps possible sans lever : c'est pourquoi il ne faut semer qu'après une bonne pluie, ou quand, à la suite d'une période de sécheresse, il y a lieu de compter sur une pluie prochaine. Quinze jours après la levée, le plant est éclairci pour qu'il se trouve espacé à 20 ou 25 centimètres en tout sens. La navette est ensuite livrée à elle-même ; elle n'a plus besoin d'aucun soin ultérieur. On récolte la navette avec les précautions indiquées pour le colza. Pour éviter les pertes par l'égrénage, la navette doit, comme le colza, être battue sur place. Dans les terres médiocres, les seules où cette culture soit réellement à sa place, la navette d'hiver peut donner 12 à 15 hectolitres de graine par hectare.

La *navette de printemps* n'est guère cultivée que pour remplacer un colza d'hiver détruit par des gelées trop longues et trop sévères. On sème en mars 4 à 5 hectolitres de graine par hectare ; le plant est éclairci vers la fin d'avril, puis abandonné à lui-même. Le produit de la navette de printemps, quand elle a pris sur une terre fertile et bien fumée la place d'un colza qui n'a pas résisté à l'hiver, est plus élevé que celui de la navette d'hiver cultivée dans une terre médiocre; on peut compter, dans ces conditions, sur 18 à 20 hectolitres de graine par hectare.

PAVOT-ŒILLETTE.

La culture du *pavot-œillette* est, sous tous les rapports, une culture savante, dont la moindre négligence peut compromettre le succès, et qui ne réussit que par des soins assidus et intelligents; cela est vrai de toutes les cultures industrielles, mais encore plus vrai de celle du pavot. Quand elle réussit, cette culture paye largement par ses produits les avances faites à la terre en main d'œuvre et en fumier. L'huile d'œillette tient parmi les huiles comestibles le premier rang après l'huile d'olives. Cette dernière huile est presque toujours rare et chère hors de la région des oliviers, ce qui fait de l'huile d'œillette l'objet d'une consommation très-étendue et d'un commerce fort important. Il ne faut cultiver le pavot que dans les terres à blé de première classe, de ténacité moyenne, profondes et substantielles; ce sont les seules où l'on en puisse espérer d'abondantes récoltes. La place du pavot dans l'assolement est sur la fumure. Quoique fort épuisante, la culture du pavot peut sans inconvénient s'encadrer dans un assolement quinquennal, et revenir à la même place tous les cinq ans sans trop fatiguer le sol, pourvu que celui-ci soit de très-bonne qualité.

On connait plusieurs espèces de pavots dont la graine abondante contient une huile également comestible. Ce sont le *pavot-œillette commun* (*fig.* 2), le *pavot-œillette aveugle* et le *pavot blanc*. L'espèce commune est seule cultivée pour sa graine oléifère; les deux autres ne sont cultivées que dans les jardins, pour l'usage médical de leurs capsules connues sous le nom de *têtes de pavot*. L'empire de l'habitude paraît être pour beaucoup dans la préférence exclusive accordée au pavot-œillette, dont la graine grise, très-menue, ne semble offrir aucune supériorité réelle sur celle des deux autres espèces, tandis qu'elle a un défaut très-grave que n'ont pas ses rivales; elle s'échappe par des ouvertures latérales au moment de sa maturité, ce qui, en dépit de toutes les précautions possibles, fait perdre par l'égrenage une partie de la récolte. Ces ouvertures manquent aux têtes des deux autres espèces de pavots, dont la graine blanche est aussi riche en excellente huile que la graine grise de l'espèce commune. On ne peut reprocher aux deux pavots à graine blanche que de se ramifier un peu moins, et de ne pas produire sur chaque tige un aussi grand nombre de têtes que l'œillette grise; mais leurs têtes sont plus ros-

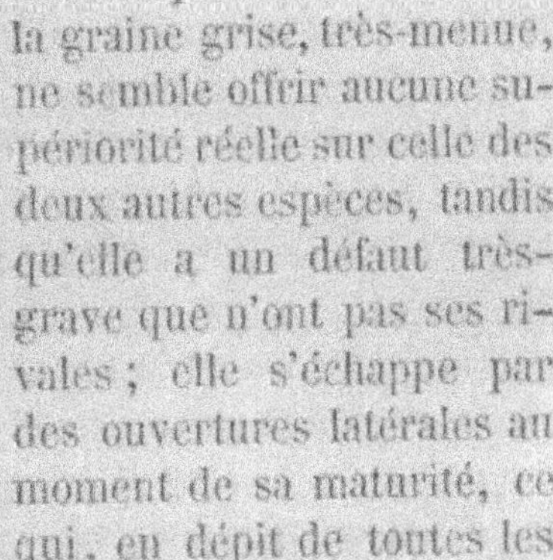

Pavot-œillette. (Fig. 2.)

ses et mieux remplies, de sorte qu'il y a compensation.

La terre, pour la culture du pavot, reçoit avant l'hiver deux labours profonds dont le second enterre la fumure, et un troisième labour superficiel au printemps. Ce dernier labour est suivi de deux hersages très-soignés, l'un en long, l'autre en travers, afin que la surface du sol soit parfaitement pulvérisée; après quoi on passe le rouleau, et l'on procède aux semailles. Si l'on semait sur la terre hersée et que le rouleau fût ensuite passé pour recouvrir la semence, le pavot ne lèverait pas; la graine de pavot, pour bien lever, doit être à peine recouverte.

On peut choisir pour les semailles la graine de la précédente récolte. Il n'est pas nécessaire de changer la semence; et comme ceux qui cultivent le pavot ont le plus grand intérêt à en récolter la graine parfaitement mûre, on est assuré d'en trouver constamment de la meilleure qualité. La graine de pavot-œillette est si fine qu'on sème toujours trop serré, ce qui a peu d'inconvénient, car le prix de cette graine n'est pas élevé, et quatre à cinq litres suffisent pour ensemencer un hectare. Il existe pour une cause jusqu'à présent ignorée une sorte d'antipathie entre le pavot-œillette et l'avoine : après une avoine, le pavot bien fumé et bien cultivé vient mal; après un pavot, l'avoine refuse pour ainsi dire de croître, même dans les très-bonnes terres. En attendant que le fait soit expliqué, il faut en tenir note et y avoir égard. On sème la graine de pavot-œillette à la fin d'avril ou dans les premiers jours de mai, en lignes espacées entre elles de 30 centimètres. La meilleure méthode pour semer également consiste à placer la graine dans une bouteille dont le goulot est fermé d'un papier ou d'un parchemin percé de trous qui laissent tomber la graine peu à peu, au gré du semeur. Le pavot-œillette doit être biné très-jeune; ce travail ne peut être bien fait que par des ouvriers très-attentifs à leur besogne, pendant la première période de sa croissance, le pavot œillette est d'une extrême délicatesse; à la suite d'un binage mal donné, la plupart des plantes sont blessées au collet de la racine, et quelques jours après, il n'en reste pas une. Quand le pavot a reçu son premier binage, il est temps de l'éclaircir, pour que le plant se trouve à 20 ou 25 centimètres dans les lignes. Un second binage, aussi soigné que le premier, est nécessaire quand le pavot commence à former ses tiges florales, après quoi il n'y a plus à y travailler jusqu'à la récolte.

Quand la couleur grise des têtes de pavot et le dessèchement des feuilles annoncent la maturité de la graine, on procède à l'arrachage des tiges, en ayant grand soin de ne pas les incliner ; celles qu'on penche un peu trop, à plus forte raison, celles qu'on laisse tomber à terre par maladresse, perdent la moitié de leur graine qui s'échappe par les ouvertures latérales du couvercle des têtes. Les poignées de tiges de pavot sont reliées en faisceau par des liens de paille de seigle, comme les bottes de colza. Si le temps est calme, et qu'un coup de vent ne semble pas à craindre, on peut les laisser toute une journée dans cette position ; mais, comme à cette époque de l'année un orage peut toujours survenir à l'improviste, il serait imprudent de laisser la récolte de pavot passer une nuit dehors. Vers le soir, on apporte sur le champ de pavot un ou plusieurs baquets à lessive; les poignées de tiges de pavots chargées de têtes mûres sont prises une à une et secouées vivement au-dessus du baquet, afin d'y faire tomber la plus grande partie de la graine. Les pavots sont ensuite portés dans un tombereau ou une charrette garnie intérieurement d'une grosse toile; à l'arrivée à la ferme, les têtes de pavot sont battues pour en séparer ce qu'elles contiennent encore de graine, qu'on nettoie immédiatement au tarare. En dépit de toutes ces précautions, on perd toujours une partie de la graine du pavot-œillette; mais on en perd le moins possible.

Le produit d'un hectare de pavot en bonne terre, et dans de bonnes conditions de culture, peut être de 20 à 25 hectolitres de graine; cette graine, toujours très-recherchée, se place facilement et à des prix avantageux, d'autant plus élevés que la récolte des olives dans le midi a été moins abondante.

De toutes les huiles comestibles qui peuvent être obtenues sous le climat moyen de la France centrale, c'est l'huile extraite de la graine du pavot-œillette qui peut le mieux prendre la place de l'huile d'olive dans l'alimentation; elle est aussi de qualité tout à fait supérieure pour la fabrication des savons. On sait que l'olivier ne peut croître et fructifier que sur une étroite limite de notre extrême frontière méridionale, et que, même sous cette latitude, il survient périodiquement des hivers d'une rigueur exceptionnelle, pendant lesquels les oliviers sont tués par la gelée. Il en résulte que la France ne récolte jamais assez d'huile d'olive pour la consommation intérieure, même dans les bonnes années, et qu'elle achète des quantités importantes d'huile à l'étranger. L'accroissement de la culture du pavot-œillette, dont la graine fournit une huile, sinon aussi agréable au goût, du moins aussi salubre que l'huile d'olive, et exempte de toute saveur désagréable, est donc une chose très-désirable, et les tentatives faites à diverses époques pour arriver à ce résultat sont très-dignes d'être reprises avec persévérance. On se rappelle à ce sujet qu'en 1820, à la suite d'un rude hiver qui avait fait périr beaucoup d'oliviers dans le midi de la France, la Société centrale d'agriculture fit imprimer une instruction très-détaillée sur la culture et les produits du pavot-œillette, et fit répandre cette instruction dans les cantons où cette plante oléifère n'est pas cultivée généralement. Cette tentative n'aboutit pas à de grands résultats pour une raison qui n'existe plus de nos jours. Ceux qui, dans les cantons les plus fertiles de la Brie, de la Beauce et de la Franche-Comté, entreprirent, sur l'invitation de la Société centrale d'agriculture et d'après ses instructions, la culture du pavot-œillette, furent embarrassés pour en vendre les produits; les moulins à huile manquaient dans leur voisinage; il fallait passer par les mains des intermédiaires pour la vente, à des prix à peine rémunérateurs; le transport des tourteaux, quand le producteur tenait à les conserver pour les employer comme engrais, devenait très-coûteux: c'en était assez pour dégoûter d'une culture qui prenait la place d'autres, exemptes des mêmes inconvénients. Aujourd'hui, le réseau des chemins de fer de la France étant à peu près complet, l'obstacle n'existe plus, et la nécessité d'accroître la production de la graine de pavot-œillette est plus urgente que jamais. C'est pourquoi l'on reproduit ici, sans crainte du double emploi, la substance de l'instruction publiée en 1820 et renouvelée en 1831 par les soins de la Société centrale d'agriculture. Après avoir constaté l'insuffisance des produits de la culture du pavot-œillette, cantonnée, alors comme aujourd'hui, dans un petit nombre de localités des départements du Nord et du Pas-de-Calais, l'instruction décrit l'un après l'autre tous les procédés pratiques de cette culture. Les semis peuvent être faits soit en automne, à l'époque des semailles des céréales d'hiver, soit au printemps, après les dernières gelées tardives, que le pavot-œillette supporte difficilement. Les semis d'automne ne peuvent être conseillés que dans les départements au sud du bassin de la Loire, où les hivers sont en général doux et de peu de durée. Si le pavot-œillette n'était cultivé que comme plante annuelle sous le climat du midi de la France, et que sa graine fût semée seulement au printemps au lieu de l'être en automne, la sécheresse atteindrait la plante encore peu développée; elle fleurirait mal, et ses produits seraient presque nuls. Les semis d'automne, partout où le climat local les rend possibles, doivent être faits en septembre ou, au plus tard, pendant la première semaine d'octobre. On sème un peu plus serré que pour les semis de printemps, parce que l'hiver, quelque doux qu'il soit, fait toujours périr une partie du plant de pavot-œillette levé à la fin de l'automne. Quand on sème au printemps, il faut semer dès que l'état de la température le permet; les semis trop tardifs ont moins de chances de succès. Le pavot est excessivement délicat pendant la première période de sa croissance; le soin de le sarcler ne doit être confié qu'à des mains attentives, sans quoi, en enlevant la mauvaise herbe, on détruit la plus grande partie du plant. Les semis en lignes rendent les sarclages plus faciles et la récolte de la graine plus abondante, parce qu'ils facilitent la libre circulation de l'air et de la lumière entre les rangs des pavots, qui en ont grand besoin à toutes les périodes de leur développement. Dans les bonnes terres, aussitôt après le second sarclage, donné huit ou dix jours seulement après le premier, le plant doit être assez fort pour que les pieds superflus puissent être arrachés sans compromettre ceux qui doivent être conservés. On peut employer, pour les premiers sarclages, des femmes dont la main d'œuvre est moins dispendieuse que celle des hommes; mais les seconds sarclages ne peuvent être bien exécutés que par des hommes. La végétation du pavot, dont les tiges commencent à monter, étant déjà assez avancée, les vêtements des femmes ne pourraient manquer de froisser et de faire périr un grand nombre de jeunes plantes, tandis que les ouvriers, avec la précaution de relever leurs pantalons et de travailler les jambes nues, peuvent passer entre les lignes de pavots sans les endommager.

Il faut surveiller très-attentivement les champs de pavot-œillette aux approches de la maturité de la graine, et commencer la récolte dès que les têtes changent de couleur, et qu'en les examinant de près on remarque sous le couvercle des capsules de petites fentes, par lesquelles la graine est sur le point de s'échapper. Si la culture ne comprend pas au delà d'un ou deux hectares, il y a bénéfice à faire cueillir les têtes mûres, sans arracher les plantes. Dans ce cas, une femme coupe les têtes de pavot et les jette, sans les incliner, dans un sac porté par une autre ouvrière qui la suit. De retour à la ferme, les ouvrières délient les sacs et mettent à part la graine qui en est sortie et dont rien n'a pu être perdu. Les têtes sont étendues sur le plancher d'un grenier et battues dès qu'on les juge suffisamment sèches, afin d'en séparer le reste de la graine. Dans la grande culture, ce mode de récolte n'est pas praticable; on opère comme il a été dit ci-dessus (page 49).

CAMÉLINE.

La *caméline* (fig. 3), peu cultivée en France, si ce n'est dans le Nord, ne mérite pas l'oubli dont elle est l'objet; quoiqu'elle réussisse très-bien dans les bonnes terres où son rendement en graine n'est pas de beaucoup inférieur à celui du colza, il y a peu de terres ingrates où elle refuse de croître; c'est, à proprement parler, la plante oléifère des mauvaises terres, où d'autres de la même section ne peuvent croître. Elle a aussi une autre destination qui tient à sa manière de végéter et à son tempérament; comme elle craint peu la sécheresse, la caméline peut être semée jusques dans le courant de juin, et mûrir sa graine en temps utile; elle offre par là une excellente ressource pour utiliser les terres sur lesquelles une autre récolte a manqué pour une cause accidentelle. On sème habituellement la

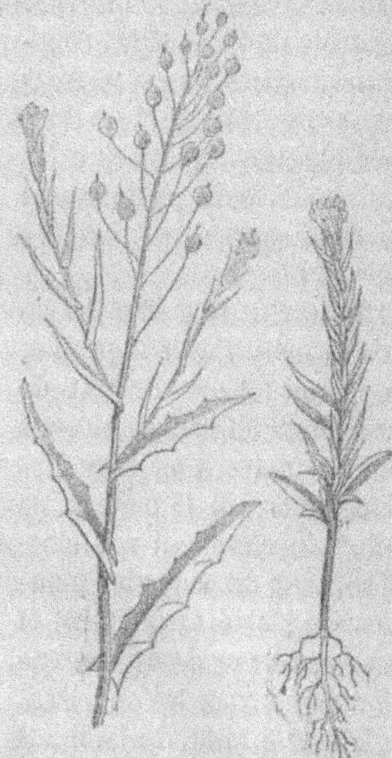

Caméline. (Fig. 3.)

graine de caméline en mars ou avril, à raison de cinq litres de graine par hectare, sur une terre fumée l'année précédente pour une autre culture. Il est bon d'éclaircir le plant quand, après la levée, il semble un peu trop serré. La récolte se fait avec les mêmes précautions que pour le colza; le battage sur place, dans une toile, est nécessaire pour ne rien perdre de la graine de caméline. L'huile de cette graine n'est pas comestible; elle est même inférieure à celle de colza, soit pour la fabrication de savon noir, soit pour d'autres usages industriels. Un hectare de terre médiocre cultivé en caméline ne peut donner plus de 12 à 15 hectolitres de graine, d'un prix toujours un peu inférieur à celui de la graine de colza. Mais, si l'on considère la valeur moyenne du produit des autres récoltes qu'il est possible d'obtenir des terres où la caméline est ordinairement cultivée, on trouve que c'est encore une des cultures les plus avantageuses, dans les terres de cette qualité. Dans les bonnes terres, où elle prend la place d'un colza détruit par la gelée, la caméline rend de 25 à 30 hectolitres de graine par hectare; ce produit n'a pas la valeur d'une bonne récolte de colza; mais il sauve une partie de la perte, surtout quand, le colza ayant langui avant de périr, le cultivateur s'est décidé un peu tard à le sacrifier, de sorte qu'à l'exception de la caméline, il ne peut plus demander à sa terre, sans dérangement dans l'assolement, aucune récolte passablement productive.

La caméline étant, comme on l'a fait observer, très-peu exigeante quant à la qualité du sol, pourrait être cultivée avec grand bénéfice dans une foule de localités au sol médiocre, où nulle autre plante industrielle ne saurait croître, et où la caméline est à peine connue de nom; cette considération m'engage à exposer dans tous leurs détails les divers avantages que peut offrir la culture de la caméline, en m'appuyant sur le témoignage de deux agronomes du premier ordre : Parmentier et Mathieu de Dombasle. Voici d'abord ce qu'en dit Parmentier :

« Les circonstances qui accompagnent la récolte de la caméline varient ; dans quelques cantons, on l'arrache et on la laisse en tas sur le champ même, sur une place bien nettoyée et bien battue ; dans d'autres, on la met sur des toiles et on la transporte à la maison, où elle est déposée dans la grange. Au bout de quelques mois, lorsqu'on juge que la maturité s'est complétée, on la bat avec un bâton ou un fléau. La graine, qui est jaune, a une odeur d'ail, qu'elle perd à la longue.

Comme toutes les graines huileuses, celle de la caméline ne doit pas être portée au moulin immédiatement après la récolte. Il faut donner le temps aux principes mucilagineux qu'elle contient de se transformer en huile par suite de l'espèce de végétation qui s'y entretient encore. Pendant ce temps qui, à raison de la finesse de la graine, ne doit pas être de plus d'un mois, il faut la conserver dans un lieu ni trop sec ni trop humide. Quelques cultivateurs déposent cette graine dans des tonneaux défoncés d'un côté, après l'avoir fait vanner et ressuyer pendant quelques jours à l'air. Cette méthode n'est bonne qu'autant qu'on peut la transvaser de temps en temps et juger si elle n'a pas de disposition à s'échauffer ou à se moisir. La mettre en petits tas dans un grenier est presque toujours plus sûr. »

Mathieu de Dombasle s'est fréquemment occupé de la caméline comme plante industrielle propre aux terres peu fertiles; il s'est particulièrement appliqué à faire ressortir deux propriétés très-remarquables de cette plante. La plus importante, c'est que les insectes, spécialement l'altise et le puceron vert, ennemis si dangereux des autres plantes cultivées de la famille des crucifères, n'attaquent jamais la caméline. Mathieu de Dombasle a plusieurs fois eu occasion de faire voir aux élèves de l'Institut agricole de Roville, des champs de caméline récemment levée, exempte des ravages de l'altise, à côté de champs de colza, où cet insecte avait tout dévoré, et d'autres champs de caméline en fleurs où pas un puceron ne se montrait, tandis qu'à droite et à gauche des mêmes champs le colza de printemps, la moutarde blanche et la navette, étaient ruinés par le puceron. L'autre propriété non moins recommandable de la caméline, c'est celle de favoriser la croissance de la carotte en culture dérobée. Aussitôt après l'enlèvement de la récolte de caméline, on sarcle avec soin les carottes dont la graine doit avoir été répandue à la volée en même temps que celle de caméline, à raison de 3 kil. par hectare. La récolte des carottes succédant sans interruption à la caméline, est aussi belle qu'on peut le désirer. Il est bon d'observer que cette récolte dérobée est, dans ce cas, un troisième produit ; la caméline, en raison de la rapidité de sa végétation, peut n'être semée que dans le courant de juin, sur un sol qui a déjà porté, avant la caméline, une récolte de fourrage de printemps, et qui donne encore, après la caméline, une récolte de carottes en culture dérobée. Ce système, très-productif dans les sols médiocres, ne saurait être trop recommandé.

Mathieu de Dombasle signale une troisième particularité de la végétation de la caméline. D'après ses observations, si l'on sème ensemble, et par parties égales, la graine de caméline en mélange avec la graine de navette de printemps ou de moutarde blanche, les deux plantes semblent se plaire dans le voisinage l'une de l'autre; le produit d'un hectare, ensemencé avec ce mélange, est toujours beaucoup plus élevé que ne l'eût été celui de deux demi-hectares consacrés à la culture de chacune de ces deux plantes. Les graines, après la récolte, sont aisément séparées par le criblage, leur volume respectif étant, comme on sait, très-différent; il n'y a d'ailleurs aucun inconvénient à porter ces graines au moulin à huile sans les séparer, les propriétés et les usages de leur huile étant les mêmes.

Enfin, dans une notice sur la caméline, M. Yvart, agronome dont l'opinion n'a pas moins de poids que celle des deux autres que je viens de citer, s'exprime en ces termes :

« Le grand mérite de la caméline, dit M. Yvart, indépendamment de sa précieuse propriété de donner des produits avantageux sur des sols médiocres, est la facilité qu'elle a de parcourir en trois mois le cercle de sa végétation ordinaire, ce qui la rend très-utile dans les assolements, soit comme récolte secondaire, soit pour remplacer celles qui ont été accidentellement détruites, soit enfin comme engrais végétal, emploi auquel la caméline est très-propre étant en fleurs, alors que le sol ne lui a fourni encore que peu de substance.

« On la sème ordinairement à la volée, en mai et en juin pour la récolter en août et septembre, sur les terres qui ont déjà fourni un pâturage printannier, ou toute autre récolte précoce; elle remplace le plus souvent celles qui ont été détruites par la gelée, la grêle, les inondations, ou tout autre fléau. Elle exige des sarclages, à moins qu'elle se trouve semée assez dru pour pouvoir étouffer les plantes nuisibles. L'exiguïté de la semence exige beaucoup d'adresse et d'attention de la part du semeur. On l'arrache ordinairement lorsque les siliques commencent à jaunir; on la fauche quelquefois, ce qui est beaucoup plus expéditif, mais ce qui expose les semences qui sont bien mûres à tomber, et il convient de prendre les mêmes précautions que pour la récolte des graines de colza et de navette.

« On exprime, de ces semences jaunâtres ou rougeâtres, qui ne conservent leur faculté germinative que pendant une seule année, une huile généralement préférée, pour la lampe, à l'huile de navette et de colza, parce qu'elle donne moins d'odeur et de fumée; on l'emploie également pour d'autres usages économiques. Les tiges sont utilisées, ou comme combustible, ou comme litière; elles peuvent aussi remplacer le chaume pour les couvertures. »

Après ces trois citations, on voit qu'il n'y a rien d'exagéré dans l'opinion exprimée plus haut sur la caméline, et que la propagation de la culture de cette plante, partout où le sol et le climat lui conviennent, ne peut qu'être très-avantageuse au cultivateur.

PLANTES OLÉIFÈRES DE SECOND ORDRE.

Le madi ou madia, plante cultivée en grand pour sa graine oléifère au Chili, son pays natal, croît à l'état sauvage sous un climat peu différent de celui de la France centrale ; aussi, sa culture a-t-elle assez bien réussi dans les cantons où elle a été essayée. Mais, d'une part, l'odeur repoussante qu'elle répand au loin dans les campagnes, de l'autre, la qualité de l'huile de la graine, qui n'a aucune supériorité réelle sur l'huile de graine de cameline, en ont fait, après quelques années d'une vogue passagère, abandonner peu à peu la culture pour s'en tenir aux autres plantes oléifères, qui ont tous les avantages du madi, sans en avoir les inconvénients. Cependant, cette plante continue à être cultivée dans quelques cantons du Loiret, où l'on assure que ses tiges battues sont acceptées des bêtes à laine comme fourrage sec, en dépit de leur odeur. On sème la graine de madi en mars et avril, mieux en lignes qu'à la volée, à raison de 12 à 15 kilogrammes par hectare. Sa culture est la même que celle de la cameline ; son rendement, dans les terres de fertilité moyenne, ne dépasse pas 15 à 18 hectolitres de graine par hectare.

Le *sésame d'Orient* et l'*arachide* ou *pistache de terre*, dont la culture a été essayée sans succès dans quelques-uns de nos départements les plus méridionaux, ne sont à leur place que dans l'agriculture d'Asie et d'Afrique. L'arachide, dont la culture semblait il y a quelques années devoir prendre pied dans le Var, a perdu toute chance de succès en France, depuis que notre colonie du Sénégal nous expédie à très-bas prix de grandes quantités d'arachide, dont on extrait une huile douce, comestible, d'une saveur agréable. On ne mentionne donc que pour mémoire le sésame et l'arachide, qui ne peuvent pas sortir des conditions de la culture jardinière, sur quelques points seulement du midi de la France.

PLANTES TINCTORIALES.

Aucune des plantes tinctoriales, cultivées à raison du principe colorant qu'elles contiennent, ne possède une importance économique comparable à celle des plantes textiles et oléifères ; aucune, pour ce motif, n'est généralement cultivée dans tous nos départements ; chacune de ces plantes est, au contraire, cantonnée dans un certain nombre de localités dont le sol et l'exposition lui sont particulièrement favorables, ou qui offre, pour le placement de ses produits, des facilités qu'on ne trouverait point ailleurs. On cultive en France, comme plantes tinctoriales, la *garance*, la *gaude*, la *renouée des teinturiers* et le *pastel*.

GARANCE.

Deux circonstances, survenues de notre temps, ont donné à la culture de la garance en France une importance qu'elle n'avait jamais eue précédemment ; presqu'à la même époque, la couleur rouge garance a été adoptée pour les pantalons de l'armée, et le célèbre chimiste Thénard a trouvé un procédé pour extraire de la racine de garance un rouge à l'usage de la peinture artistique, presque aussi beau et beaucoup moins coûteux que le carmin extrait de la cochenille. Ces deux débouchés ouverts aux produits de la garance en ont beaucoup accru la culture qui, néanmoins, ne satisfait pas aux besoins des arts et de l'industrie, et n'affranchit pas nos fabriques de la nécessité de tirer d'Orient, sous le nom d'*alizaris*, des quantités importantes de racine de garance.

Peu de plantes cultivées en Europe ont une origine plus singulière que celle de la garance. Vers le milieu du dernier siècle, un Persan, nomme *Alten*, s'étant converti au christianisme, vint en Europe et se fixa dans le comtat d'Avignon, (aujourd'hui département de Vaucluse), alors possédé par les papes. Cet homme intelligent avait cultivé la garance dans son pays ; il remarqua qu'aux environs d'Avignon la garance croissait partout à l'état sauvage et que personne ne pensait à en tirer parti ; il se mit à la cultiver et échoua complétement. Aussi persévérant qu'entreprenant, Alten, en dépit des difficultés du voyage et des dangers qu'il pouvait courir comme chrétien, retourna en Perse et en rapporta la graine de la variété de garance cultivée dans sa patrie. Il se remit courageusement à l'œuvre, et, cette fois, il réussit. Avant sa mort, il eut la satisfaction de voir la culture de la garance se propager autour de lui et répandre l'aisance dans sa patrie d'adoption. Le département de Vaucluse a élevé récemment une statue à Alten, introducteur de la culture de la garance dans le midi de la France.

Plusieurs raisons s'opposent à la propagation de la culture de la garance, culture qui n'est guère pratiquée que dans Vaucluse et dans les départements du Haut et du Bas-Rhin ; la plus puissante de ces raisons, c'est que les produits de la garance ne peuvent être récoltés et réalisés qu'au bout de trois ans ; peu de cultivateurs sont dans une situation assez aisée pour supporter trois ans de loyer du sol, d'impôts et de frais de culture, sans rentrer dans leurs avances, quoique, en fin de compte, ces avances doivent être remboursées avec grand bénéfice. Celui qui veut entreprendre la culture de la garance dans un canton où cette culture n'est pas dans les usages du pays, doit d'abord bien s'assurer que le sol lui convient, et consulter ensuite ses propres ressources, afin de ne point se trouver dans l'embarras en attendant une récolte qui se fait désirer pendant trois longues années.

Il faut à la garance une terre légère et substantielle, profonde surtout, c'est le point capital, et très-douce, c'est-à-dire exempte de pierres et de concrétions difficiles à ameublir. Il faut ensuite être en mesure de donner à la culture de la garance au moins 100 mètres cubes de très-bon fumier par hectare ; en dehors de ces deux conditions, on ne doit pas penser à cultiver la garance. L'engrais surabondant qu'elle exige n'est d'ailleurs pas perdu ; elle n'en absorbe qu'une faible partie, et les terres où elle a été cultivée sont portées, après l'arrachage de ses racines, à leur maximum de fertilité. On peut comparer la garance à ces personnes délicates qui ne mangeront pas si elles n'ont pas devant elles une table très-bien servie ; mais elles ne mangent pas tout, et de ce qu'elles laissent, on peut encore composer un très-bon repas.

SEMIS ET SOINS DE CULTURE.

On établit une garancière par semis ou par plantation ; le premier mode est le plus usité. Le sol est d'abord défoncé profondément, soit à la bêche, soit à la charrue, en faisant fonctionner à la suite l'une de l'autre deux charrues dans la même raie. Un mois plus tard, on donne un labour profond pour enfouir la fumure ; dans la petite et la moyenne culture, ce second labour est donné à la bêche, comme le défoncement qui l'a précédé. Dès la fin de février, on donne un dernier labour à la profondeur ordinaire, puis la terre se repose jusqu'en mars ou avril. On divise alors la surface de la garancière en planches ordinairement larges de 1m,50, séparées par des sentiers de 50 centimètres de large. La terre est alors prête pour être ensemencée en graine de garance. Cette graine peut être semée à la volée ou en ligne; les semis en ligne sont préférés généralement, à cause des facilités qu'ils offrent à l'époque de l'arrachage, pour ne laisser aucune portion de la récolte dans le sol. Il faut 60 à 70 kilog. de graine de garance pour ensemencer un hectare. L'époque des semailles varie, selon le climat local, du 1er mars au 15 avril; on ne sème guère avant cette dernière époque dans la région du nord-est, où la garance est cultivée; dans Vaucluse, on sème habituellement pendant la première semaine de mars. Le procédé pour les semailles est celui d'une culture jardinière: sur les planches, façonnées comme celles d'un jardin potager, on ouvre à l'aide d'une binette des lignes parallèles, espacées entre elles de 30 centimètres; la graine est distribuée avec attention dans ces lignes, à 3 ou 4 centimètres de distance. Les raies sont refermées par un trait de râteau qui rabat leurs bords et enterre uniformément la graine.

Dès que les jeunes plantes sont suffisamment visibles, on donne un premier sarclage suivi de plusieurs autres, de façon à ce que le terrain ne soit jamais envahi par la mauvaise herbe. A l'entrée de l'hiver, un peu plus tôt au nord et plus tard au midi, la garancière est rechargée de 5 à 6 centimètres de terre prise dans les sentiers qui séparent les planches. La culture de la seconde année comprend deux ou trois sarclages, selon le besoin; au dernier sarclage, on butte légèrement en creusant un sillon peu profond entre les lignes et en réunissant la terre au collet des racines des plantes. Celles-ci doivent déjà couvrir suffisamment le terrain ; quand elles sont en pleine fleur, on les fauche et elles donnent un fourrage qui doit être distribué au bétail à l'état frais. On pourrait aussi laisser porter graine à la garance, et c'est ce qu'on fait toujours sur une partie de la garancière, afin d'être approvisionné de graine pour les cultures ultérieures ; mais, si l'on récolte la graine de toute la garancière, on trouve une diminution sensible dans la production des racines, d'où il résulte plus de perte que de profit. A la même époque que l'année précédente, la garancière reçoit un second rechargement semblable au premier, ce qui convertit les sentiers en rigoles et donne aux planches une forme bombée. Les soins de culture de la troisième année sont les mêmes que ceux de la seconde ; on arrache les racines en septembre ou octobre, quand la végétation de la garance paraît être bien entrée dans sa période de repos. Quelques cultivateurs de garance n'arrachent les racines qu'au bout de quatre ans ; mais, dans ce cas, l'accroissement de la récolte compense rarement les frais d'une culture aussi prolongée.

Quand on adopte le mode de culture de la garance par transplantation, le plant cultivé en pépinière est mis en place au printemps, dans un sol préparé comme pour les semis ; on transplante en lignes espacées entre elles de 30 centimètres, et à 5 centimètres seulement dans les lignes. Le résultat des deux procédés est le même.

RÉCOLTE.

L'arrachage de la garance doit être fait avec beaucoup

de soin, en ouvrant des tranchées parallèles dans le sens de la longueur des planches, et d'une profondeur suffisante pour que les racines soient enlevées entières et sans perte ; ce travail doit être surveillé de très-près. Comme la plus grande partie de la garance employée dans nos fabriques vient du dehors, et que les prix se règlent d'après l'état du marché extérieur, ils sont variables ; il est rare qu'ils ne soient pas rémunérateurs. La garance est d'abord séchée à l'air libre, puis nettoyée de la terre qui peut y adhérer; on complète la dessication dans une étuve modérément chauffée. Un hectare de garance peut produire, dans les conditions ordinaires d'une bonne culture, 1,000 à 1,200 kilog. de racines sèches, prêtes à être livrées au commerce. Si l'année de la récolte, la vente est difficile à un bon prix, on peut attendre des circonstances plus favorables ; c'est un produit d'une conservation facile et qui ne perd rien de sa valeur vénale en vieillissant.

Les procédés de culture de la garance, tels qu'on vient de les décrire, sont ceux dont la pratique a démontré les avantages dans les cantons où la garance est cultivée sur notre territoire. Mais il s'en faut de beaucoup que cette culture soit introduite partout où elle pourrait l'être avec avantage en France ; et comme, pour les arts et l'industrie, la demande de la garance augmente tous les ans et qu'elle est satisfaite seulement par l'importation des garances cultivées à l'étranger, dans des pays où sa production n'a rien de régulier, il s'ensuit que, le plus souvent, la garance est, sur les marchés français, à la fois rare et fort chère. Rien n'est donc plus désirable que l'introduction de la culture de cette plante industrielle partout où elle peut réussir , et son tempérament est tellement flexible qu'elle réussirait dans le Nord comme elle prospère dans Vaucluse. On ne peut objecter au développement de la culture de la garance que la nécessité très-évidente par elle-même de ne pas dérober trop de terrain cultivable à la production des plantes alimentaires, parce qu'avant de teindre des étoffes en rouge garance, il faut manger ; c'est l'objection qu'on peut opposer à toutes les cultures industrielles. Quant à la garance, il suffit de faire observer que sa culture, ne pouvant réussir sans porter à son maximum la fertilité ultérieure du sol qui lui a été consacré, tend à accroître, dans un temps donné, la production des denrées alimentaires de toute espèce dans les terres périodiquement occupées par la garance.

Ces considérations rendent nécessaire l'exposé de divers détails de culture, destinés à compléter ceux qui précèdent ; ces détails sont de nature à trouver leurs applications dans toutes les localités du territoire français, où la garance peut être cultivée avec avantage. On a vu, (page 41), que, dans les garancières françaises du Bas-Rhin et de Vaucluse, la garance est arrachée le plus souvent à sa troisième, et quelquefois seulement à sa quatrième année. Il est bon de faire observer qu'en Zélande et sur quelques points des Flandres belges, où l'on s'est remis à cultiver la garance, jamais la racine n'est récoltée plus tard qu'à la fin de sa seconde année. Ce n'est pas que les habiles cultivateurs de ces deux pays ne sachent très-bien que la garance profite beaucoup pendant sa troisième année ; mais le séjour trop prolongé de ses racines en terre cadrerait mal avec leurs assolements et porterait le trouble dans tout leur système de culture ; s'il fallait laisser occuper la terre par la garance pendant trois ans, ils préféreraient y renoncer. On signale ce fait à ceux qui voudraient se livrer à la culture de la garance dans des conditions de sol et de climat analogues à celles de la Zélande et des Flandres belges; ils peuvent, sauf à récolter des produits un peu moins abondants, arracher les racines de la garance à la fin de leur seconde année, 18 mois environ après que le plant de semis est sorti de terre.

La bonne qualité de la graine influe beaucoup sur le succès de la culture de la garance; voici, à ce sujet, quelques indications supplémentaires qui ont leur importance. C'est quand la plante entre dans son dix-huitième mois, en août ou en septembre de sa seconde année, que la garance mûrit sa graine pour la première fois; cette première graine est toujours la meilleure pour les semis. Les cultivateurs attentifs, qui désirent récolter la meilleure graine possible, ont soin, à cette époque, de parcourir *tous les jours* la partie de la garancière dont les tiges n'ont pas été fauchées comme fourrage et qui a été réservée pour la production de la graine. Le matin, après que le soleil a fait évaporer la rosée, ils cueillent à la main les tiges chargées de graines dont la couleur d'un noir foncé annonce la maturité complète. Ces tiges, déposées dans un local sec et bien aéré, sont battues sur une toile dès qu'elles paraissent suffisamment sèches, afin d'en séparer la graine, qu'on met à part pour les semis. Cette manière de récolter la graine de garance est de beaucoup préférable à la méthode ordinaire qui consiste à faucher les tiges de la plante quand la plus grande partie des graines qu'elles portent semblent parvenues à maturité. C'est ce que font tous ceux qui récoltent cette graine pour la vendre, afin d'en avoir une plus grande quantité sur une surface donnée;

mais l'acheteur est trompé dans ce sens qu'une partie de la graine récoltée, imparfaitement mûre, ne lève pas. Celui qui récolte la graine de garance pour ses propres semis se ferait tort à lui-même s'il suivait cette méthode défectueuse.

La graine, récoltée dans les meilleures conditions, doit être semée avec tous les soins qui peuvent contribuer à lui faire produire le meilleur plant possible. Le cultivateur persan, Althen, introducteur de la culture de la garance dans le comtat Venaissin (actuellement Vaucluse), a exposé dans un Mémoire détaillé, adressé à l'Académie de Lyon, les procédés en usage en Perse et dans toute l'Asie Mineure pour la préparation de la graine de garance, procédés que les cultivateurs orientaux suivent avec une constance invariable, et en quelque sorte superstitieuse, et auxquels ils se feraient scrupule d'apporter la plus légère modification, parce qu'ils leur attribuent la belle qualité de leurs *alizaris*. Sans y attacher la même valeur que les Orientaux, on croit devoir résumer l'exposé de ces procédés, actuellement hors d'usage dans les garancières du département de Vaucluse, mais toujours pratiqués dans les vastes garancières de la Perse et de l'Asie Mineure.

A l'époque de la maturité de la graine de garance, dès qu'elle vient d'être récoltée, on arrache quelques kilogrammes de racines fraîches qu'on pile dans un mortier pour les réduire en pulpe très-homogène. On ajoute à cette pulpe un demi-litre d'eau et deux décilitres d'eau-de-vie par kilogramme de racine fraîche ; il en résulte un brouet clair auquel on incorpore la graine de garance destinée aux semailles. D'autre part, on a fait macérer pendant trois jours du crottin de cheval émietté dans quelques litres d'eau portée à l'ébullition. Quand l'infusion est refroidie, on la verse sur la graine de garance préparée comme ci-dessus ; elle doit en être complétement humectée ; on la remue fréquemment pour qu'elle ne puisse ni s'échauffer ni fermenter. Dès qu'elle est suffisamment ressuyée, on la sème sans retard ; les Orientaux prétendent qu'elle lève mieux et produit une garance de meilleure qualité que quand la graine a été semée telle que la plante le produit et sans aucune préparation.

« Je ne suis, écrivait Althen en terminant son Mémoire à l'Académie de Lyon, ni physicien, ni naturaliste; je ne saurais, par conséquent, rendre compte des raisons qui peuvent démontrer l'utilité de cette pratique ; je me borne à l'exposer, parce qu'elle est généralement en usage en Orient, que je l'ai constamment suivie, et que je m'en suis toujours bien trouvé. »

Lorsqu'au lieu de créer les garancières par la voie des semis, on préfère procéder par plantation, on peut, à volonté, planter du plant élevé de semis en pépinière, ou des rejetons enracinés, que la garance de deux ans fournit en abondance, et qu'on peut détacher sans porter aucun préjudice à la production des racines. Ces rejetons peuvent être détachés en mai et juin, plus tôt ou plus tard, selon le climat local ; la terre de la garancière doit être toute préparée pour les recevoir, afin qu'il s'écoule le moins de temps possible entre le moment de l'enlèvement du plant et de sa mise en place.

L'opération de l'arrachage exige de la part du chef de culture une surveillance attentive, afin qu'il ne se perde aucune partie d'une récolte précieuse, qui a coûté beaucoup d'avances en argent et en travail, et qui s'est fait longtemps espérer. Si l'on a, pendant le cours de la culture de la garance, butté suffisamment les plantes à plusieurs reprises, les sentiers qui séparent les planches doivent se trouver changés en rigoles profondes, dont le fond se trouve, à peu de chose près, au niveau de l'extrémité inférieure des racines qu'il s'agit d'arracher. On attaque premièrement la ligne la plus rapprochée de la rigole de séparation, entre deux planches. A l'aide du bident, on rejette avec précaution la terre de la planche dans la rigole, et l'on met ainsi à découvert toute la longueur des racines de garance. La récolte, ainsi faite et attentivement surveillée, donne lieu à peu de perte. Il y en a cependant toujours plus ou moins; car il se trouve toujours, après la récolte, des gens qui offrent au cultivateur de retourner encore une fois toute sa garancière avec la houe à deux dents (*bident*), et qui lui donnent une excellente façon *gratis*, se trouvant suffisamment payés par le peu de racines qu'ils mettent à découvert. Il est à remarquer que les parties de garance oubliées en terre pendant l'arrachage sont toujours les extrémités inférieures des racines, plus riches que le reste en principe colorant; les teinturiers payent plus cher, pour cette raison, la garance recueillie par cette sorte de *glanage*.

Dans les grandes garancières de Zélande et d'Angleterre, quand les bras manquent au moment de l'arrachage, on y procède à l'aide des charrues à défoncer, en faisant passer une de ces charrues entre les lignes des plantes mûres. C'est un moyen auquel il ne faut recourir que quand on ne peut pas en employer un meilleur, car c'est celui de tous qui laisse forcément en terre une partie plus considérable des racines de garance.

Quand la racine de garance a été récoltée dans les meilleures conditions possibles, de façon à n'en rien laisser perdre, il s'agit de la nettoyer et de la faire sécher, deux opérations importantes qui, selon qu'elles ont été bien ou mal faites, influent sensiblement, en bien ou en mal, sur le prix qu'on peut en obtenir. Si, au moment de l'arrachage, la terre n'est pas trop humide, elle s'en détache aisément, et le lavage n'est pas nécessaire. A cet effet, les racines sont étendues sur des claies, dans un local sec et très-aéré; la terre qui s'y trouvait adhérente en petite quantité tombe bientôt en poussière et passe à travers les mailles de la claie; les racines sont retournées et secouées de temps à autre avec précaution ; elles ne tardent pas à être parfaitement propres.

Quand la fréquence des pluies d'automne n'a pas permis de récolter les racines de garance par un temps sec, et qu'au moment de l'arrachage, la terre était fortement mouillée, elle adhère aux racines qui ne peuvent plus être suffisamment nettoyées sans être lavées. Le lavage ferait beaucoup de tort à la garance, s'il n'était mené très-rapidement et exécuté avec tout le soin possible, pour laisser les racines le moins de temps possible en contact avec l'eau, et leur conserver toute leur longueur sans les rompre. Cette condition, en apparence insignifiante, est fort appréciée de l'acheteur, parce que, comme on l'a dit, c'est toujours l'extrémité inférieure des racines de garance qui contient le plus de matière colorante.

Après le nettoyage à sec ou le lavage, il faut procéder à la dessication. Dans le Midi, la chaleur du climat s'en charge; la température extérieure est encore assez élevée en septembre pour qu'on obtienne à l'air libre une dessication complète, sans avoir besoin de recourir à la chaleur artificielle. Partout ailleurs, les racines de garance nettoyées sont étendues sur des claies et portées dans une étuve dont la température ne doit pas dépasser 25 à 30 degrés centigrades. Ce point est de la plus grande importance, car une chaleur un peu trop forte altère sensiblement la nuance du principe colorant de la garance. On conserve les racines de garance jusqu'au moment de la vente, soit entières, soit concassées. Dans le Midi, aussitôt après la dessication, la plupart des producteurs se hâtent de les broyer grossièrement, ce qui se nomme *grapper* la garance. La provision de garance *grappée* tient moins de place que quand on conserve les racines entières ; elle est aussi plus facile à loger dans des caisses ou des tonneaux, où elle est à l'abri de la poussière et en sûreté contre la dent des petits rongeurs, qui en sont fort avides.

On voit par ce qui précède qu'avec du soin, quand le cultivateur est en position d'attendre le résultat, la culture de la garance peut lui être fort avantageuse ; toutefois, on ne peut trop engager ceux qui désirent introduire cette culture dans un canton où elle n'est point usitée à commencer par des essais en petit, dont ils feront estimer les produits par les fabricants de leur voisinage ; si ces produits sont acceptés à des prix suffisamment rémunérateurs, ils pourront agir à coup sûr et cultiver *sur commande* ; c'est le seul procédé rationnel pour toutes les cultures industrielles, dont les produits ne sont pas toujours partout faciles à vendre du jour au lendemain, comme les céréales.

GAUDE.

La gaude (fig. 4), également désignée sous le nom de *guède* et de *jaunâtre*, est une sorte de réséda sauvage, inodore, qui croît partout en France et en Europe. On cultive cette plante pour la couleur jaune qu'elle fournit à la teinture; elle réussit dans les terrains graveleux, médiocres, peu propres à d'autre culture. On peut cependant la cultiver avec avantage dans de bonnes terres légères, en l'associant à une autre culture; mais ce procédé est peu usité; la vraie destination de la gaude, dans les cantons où le placement en est assuré, c'est d'utiliser des terres de qualité inférieure. On donne à ces terrains un ou deux labours d'automne, et l'on y sème, au printemps, sur une demi-fumure, un fourrage printanier, tel qu'un farrouche rouge ou blanc, ou une vesce d'espèce précoce. Ces fourrages ne donnent pas, en mauvais terrain, des coupes très-abondantes; mais c'est toujours un produit utile quoique faible, et la terre, après un dernier labour superficiel, est dans le meilleur état possible pour la culture de la gaude. On sème en juillet, à la volée, à raison de 4 à 5 kilog. de graine par hectare; cette graine, étant excessivement fine, doit être à peine recouverte, sans quoi elle ne lève pas. On

Gaude ou jaunâtre.
(Fig. 4.)

sarcle une première fois en automne et une seconde fois au printemps de l'année suivante, et, dès que les tiges prennent une nuance jaune après la floraison, indice du complet développement de leur principe colorant, on procède à la récolte. Il vaut mieux arracher la gaude que de la couper ; les racines contiennent autant de matière colorante que les tiges. Celles-ci sont liées par petites bottes et séchées à l'air libre. Tant que la gaude n'est pas bien sèche, il faut bien se garder de l'entasser dans la grange, en attendant la vente ; elle y éprouverait, pour peu qu'elle conservât d'humidité, un mouvement de fermentation de nature à altérer son principe colorant et à lui faire perdre une grande partie de sa valeur vénale.

Le prix de la gaude n'est jamais très-élevé ; il varie en raison de la demande, laquelle dépend de l'état de l'industrie. Quand la gaude est chère et très-demandée, les cultivateur des pays de fabrique associent assez souvent sa culture en bon terrain à celle des haricots. Quand ce légume a reçu son second binage, on sème la graine de gaude entre les lignes de haricots nains, et on donne au jeune plant un léger binage pour son propre compte, aussitôt après l'enlèvement de la récolte de haricots. L'année suivante, on sarcle une seconde fois au printemps, et l'on obtient une très-belle récolte de gaude ; mais cette culture n'est réellement profitable que quand la gaude est très-demandée et que son prix est plus élevé qu'il ne l'est habituellement.

Le conseil qu'on vient de donner au sujet de la garance est également applicable à la culture de la gaude ; il ne faut cultiver cette plante que là où la vente des produits est assurée dans des conditions suffisamment avantageuses au producteur. Néanmoins, le développement naturel de l'industrie augmente graduellement l'emploi de la gaude, comme celui des autres plantes tinctoriales; il arrive aussi que des fabriques et des teintureries viennent à se fonder dans des cantons où il leur faut faire venir d'assez loin la gaude, matière première indispensable à l'exercice de leur industrie. Partout où ces circonstances se produisent, il peut être de l'intérêt du cultivateur de produire de la gaude, en quantité proportionnée aux besoins de la consommation locale, après s'être entendu à cet égard avec ceux qui doivent lui acheter ce genre de produits. Dans ce cas, selon le climat local, il se décidera, soit pour la gaude d'hiver, soit pour celle de printemps. Ce ne sont pas même deux sous-variétés entre lesquelles il soit possible de saisir la plus légère différence; seulement, dans les cantons où le climat le permet, la gaude a été traitée de tout temps comme plante *annuelle*, à végétation très-rapide, dont on sème la graine de très-bonne heure au printemps, pour en récolter les produits à la fin de l'été; ailleurs, la gaude est traitée, ainsi qu'on vient de l'exposer, comme plante *bisannuelle*, dont on sème la graine à la fin de l'été, et dont les produits sont récoltés l'année suivante. Si l'on juge à propos de ne cultiver que la gaude de printemps, il faut se garder de semer la graine de la gaude bisannuelle; elle ne monterait pas la première année; on doit, de toute nécessité, se procurer dans ce cas de la graine de gaude annuelle ou de printemps.

Si le cultivateur, tout bien considéré, trouve son compte à semer la gaude annuelle ou bisannuelle dans une terre naturellement riche et fertile, non-seulement il ne fumera pas pour cette culture, mais encore il aura soin de choisir ceux de ses champs qui auront déjà porté une ou même deux autres récoltes sur la dernière fumure ; autrement, la terre trop fertile et trop récemment fumée ne donnerait qu'une récolte de gaude de qualité inférieure, peu riche en principe colorant.

Lorsqu'on n'a pas récolté soi-même la graine de gaude, il faut bien s'assurer qu'elle est récente, sans quoi elle ne lève pas. Pour les semis de printemps, on emploie la graine provenant de la récolte précédente ; pour les semis d'été, il faut employer la graine au moment même où elle vient d'arriver à maturité. Moins il s'est écoulé de temps entre le moment où la graine a été récoltée et celui où elle est confiée à la terre, plus le succès de la culture est assuré. On répand par hectare 4 à 5 kilogrammes de graine de gaude. Les semis de gaude annuelle réussissent très-bien dans une semaille de sarentin; ceux de gaude bisannuelle s'associent convenablement, ainsi qu'on l'a dit, à une culture de haricots nains; dans ce cas, on donne un binage et un sarclage très-soigné après l'enlèvement de la récolte de haricots ; la gaude, restée seule en possession du terrain, y forme avant l'hiver des touffes vigoureuses qui donnent l'année suivante de fort belles touffes. Il leur faut encore un sarclage accompagné d'un binage au printemps de leur seconde année.

L'usage généralement suivi est de ne récolter la gaude que quand sa graine est mûre et que ses tiges commencent à jaunir. Bien des cultivateurs n'attendraient pas ce moment pour récolter, afin d'avoir de bonne heure le terrain disponible pour d'autres cultures ; l'acheteur n'y perdrait rien, car, d'après les expériences les plus concluantes, spécialement d'après celles de Mathieu de Dombasle, qui en a publié les résultats, la gaude encore verte, dès que ses graines commencent à mûrir, est aussi riche qu'elle peut l'être en matière colorante. Mais, l'opinion contraire est enracinée dans l'esprit des teinturiers; une gaude tant soit peu verte perd à leurs yeux la moitié de sa valeur vénale, et c'est une nécessité pour le cultivateur de se soumettre aux exigences de ceux qui achètent les produits de ses cultures, même quand ces exigences ne sont fondées que sur des préjugés. On a dit que la gaude doit être arrachée et non fauchée, afin de ne pas perdre la quantité considérable de matière colorante contenue dans les racines. Cependant, ceux qui cultivent la gaude sur des terrains maigres et de peu de valeur peuvent avoir intérêt à faucher la gaude au lieu de l'arracher. Il est vrai qu'en la récoltant de cette manière, on perd un peu sur la récolte; mais les racines de la gaude repoussent et fournissent une bonne nourriture aux troupeaux de bêtes à laine à la fin de l'automne, au moment où ils trouvent difficilement à vivre sur les pâturages épuisés. Cette considération peut, selon les circonstances, faire préférer le fauchage à l'arrachage pour la récolte de la gaude.

Quand on se décide à faucher la gaude, il faut aussi tenir compte de la perte de la graine qui, bien qu'elle ne soit ni fort abondante, ni d'un prix fort élevé, a cependant sa valeur. Quand on fauche la gaude, presque toute la graine se perd en tombant sur le sol; il n'en est pas de même lorsqu'on arrache les tiges qu'on a soin de rattacher immédiatement en javelles sans les incliner. Il suffit ensuite de secouer les javelles au-dessus d'une toile ou sur les bords d'un baquet à lessive, pour recueillir la presque totalité de la graine. Lorsqu'on en a une quantité assez importante, on peut la porter au moulin à huile ; elle fournit une huile propre aux mêmes usages que l'huile de navette et de cameline.

Les javelles de gaude, si le temps est favorable, sont déposées sur le sol en tas, comme des céréales ; elles y restent pendant cinq à six jours, pendant lesquels elles sont retournées à plusieurs reprises, afin que toutes leurs surfaces soient tour à tour exposées au contact de l'air. En cas de mauvais temps, les javelles de gaude sont dressées les unes contre les autres, et recouvertes d'une botte de paille de seigle à demi déliée en guise de parapluie, comme pour la mise en moyettes des céréales. Cette précaution est d'autant plus nécessaire que la gaude, sur laquelle il a plu après la récolte, est fort détériorée ; les tiges noircissent, et elle est par cela seul dépréciée aux yeux des acheteurs. Quand la gaude est complétement sèche, l'usage est de la réunir pour la vente par bottes de cinq kilogrammes.

RENOUÉE DES TEINTURIERS.

Cette plante, également connue sous le nom de *Persicaire-Indigo*, n'est encore admise nulle part en France dans la grande culture. Elle a été l'objet de nombreux essais, tant sur le mode de culture qui lui convient le mieux, que sur les procédés à employer pour extraire de ses feuilles la matière colorante bleue que les Chinois utilisent de temps immémorial, comme indigo de qualité inférieure, pour la teinture en bleu commun. Le commerce maritime approvisionne l'Europe de véritable indigo des colonies à des prix contre lesquels le bleu de renouée ne peut soutenir la concurrence; dans ces circonstances, la culture de la renouée tinctoriale ne peut être avantageuse; elle ne saurait prendre pied dans nos champs comme plante industrielle. On la mentionne seulement à cause des essais auxquels elle a donné lieu, et qui tous ont démontré que ses produits ne peuvent payer les frais de sa culture en Europe.

Cet avertissement semble nécessaire en faveur de ceux qui, sur la foi de plusieurs agronomes fort accrédités, croiraient pouvoir réaliser de grands bénéfices par la culture de la renouée des teinturiers, et s'exposeraient ainsi à des mécomptes ruineux. M. Vilmorin affirme (*Bon Jardinier* de 1839, page 679) que la renouée des teinturiers pourrait, par l'extraction de la matière colorante bleue de ses feuilles, rivaliser avec l'indigo; le temps n'a pas confirmé ces prévisions, qui pourraient se réaliser seulement dans la supposition de moins en moins probable d'une guerre maritime, qui rendrait l'indigo des colonies rare et très-cher en Europe.

Toutefois, la question de cette culture se présente sous un aspect différent, lorsqu'on la pratique dans des terrains marécageux, tourbeux, fréquemment inondés, faciles à submerger à volonté pendant les chaleurs de l'été. Les terrains dans de pareilles conditions, ne pouvant donner aucun produit utile, pas même des fourrages, à moins qu'ils n'aient reçu des améliorations agricoles très-dispendieuses, pourraient très-bien produire la renouée des teinturiers à bas prix. Ce serait une manière de tirer un bon parti de ces terrains ordinairement improductifs, et, dans ce cas, les produits de la renouée des teinturiers, quoique d'une valeur peu élevée, pourraient être livrés à très-bas prix à l'industrie pour la teinture des étoffes communes.

Dans les essais tentés jusqu'à ce jour pour traiter la renouée des teinturiers en grande culture comme plante à demi-aquatique, la graine, semée clair en pépinière au mois de mars, a donné du plant transplanté vers la fin d'avril, et tenu constamment à moitié sous l'eau jusqu'en automne. Sous l'influence de ce mode de culture, la renouée pousse avec tant de vigueur qu'on peut en faire trois ou quatre coupes abondantes par an, en ayant soin de la couper avant qu'elle commence à fleurir. Les manipulations auxquelles la feuille doit être soumise, pour l'extraction de sa matière colorante, ne sont ni difficiles, ni coûteuses. En résumé, on ne peut conseiller de consacrer à la culture de la renouée des teinturiers des terres fertiles, dont on peut obtenir des produits plus avantageux; mais on peut engager ceux qui disposent de terrains marécageux submersibles, généralement improductifs, à y tenter la culture de cette plante tinctoriale.

PASTEL.

Le *Pastel*, dont la matière colorante bleue autrefois très-recherchée dans les arts, a donné son nom à un genre de peinture qui a repris faveur de nos jours, a perdu et perd encore de jour en jour du terrain, ne pouvant soutenir la concurrence que lui fait l'indigo des colonies ; il est destiné à disparaître prochainement des quelques cantons du Midi, où sa culture subsiste encore par habitude. Elle y serait totalement abandonnée dès à présent si le pastel, en même temps qu'il figure au rang des plantes tinctoriales du second ordre, ne rendait des services d'un autre genre, comme plante fourragère pour les bêtes à laine. Quand on lui donne cette dernière destination, on peut le semer sur les terrains arides, crayeux, stériles, où il fournit un pâturage passable et très-précoce; par une singularité jusqu'à présent inexpliquée, quelques races de bêtes à laine acceptent le pastel et s'en trouvent bien; quelques autres le refusent obstinément et aiment mieux souffrir de la faim que de manger du pastel, soit au râtelier, soit au pâturage. Comme plante tinctoriale, on ne peut que constater que le pastel a perdu son ancienne importance, et qu'il ne paraît pas appelé à la recouvrer. Lorsqu'on a principalement en vue l'extraction du principe colorant bleu contenu dans les feuilles du pastel, il ne faut la cultiver que dans un sol riche, labouré et fumé comme pour une culture de froment d'hiver. On sème la graine au printemps, en lignes espacées entre elles de 40 à 50 centimètres; les touffes doivent être à 25 ou 30 centimètres dans les lignes. L'extrême légèreté de la graine du pastel rend les semis difficiles à faire régulièrement, quand l'air n'est pas parfaitement calme. Le jeune plant a besoin de deux binages au moins la première année, et les feuilles, seule partie utile de la plante, ne sont bonnes à récolter que la seconde année. En tenant compte de ce qu'il en coûte pour extraire la matière colorante des feuilles du pastel, et du prix qu'on en peut obtenir, on trouve en dernière analyse que cette culture, autrefois assez profitable, ne couvre plus ses frais.

Ces réserves bien posées, afin de tenir les cultivateurs

en garde contre une culture qui ne donne le plus souvent que des déceptions, on doit ajouter néanmoins que, dans certaines localités où le placement des produits est assuré à de bonnes conditions, la culture du pastel comme plante tinctoriale est encore possible en France malgré la baisse du prix de l'indigo, parce que le pastel donne des nuances de bleu délicates et variées, que la teinture obtient difficilement à l'aide de l'indigo. C'est donc toujours, comme nous l'avons recommandé expressément pour d'autres plantes du même genre, *sur commande* et non autrement qu'il convient de cultiver le pastel dans le but d'extraire la matière colorante bleue contenue dans ses feuilles. C'est ainsi, par parenthèse, que cette culture se soutient encore çà et là dans les arrondissements de Caen (Calvados), de Valenciennes (Nord), de Toulouse (Haute-Garonne), et sur quelques points des cantons manufacturiers du midi de la France.

Pour réussir dans la culture du pastel, il ne faut semer que la graine la plus fraîche possible ; celle qui a vieill prend une nuance jaune, marque de sa vétusté; elle doit être rejetée; la plus récente offre un reflet violet, indice de sa bonne qualité; c'est celle qu'il faut préférer; elle doit être exactement recouverte, sans être trop profondément enterrée. Le plant éclairci, pour que les touffes soient convenablement espacées, reçoit un ou deux binages. Quand les tiges florales grandissent, on les étête, comme le colza, ce qui a pour effet de rendre la production des feuilles plus abondante. On ne laisse porter graine qu'à un petit nombre de plantes, pour récolter seulement la quantité de graine nécessaire aux semailles. Le pastel est fauché au moment où les touffes sont le mieux fournies de feuilles vertes et parfaitement saines; on les laisse se faner à demi sur le sol avant de les soumettre dans des cuves aux procédés de macération qui en séparent la matière colorante, séchée et mise dans le commerce sous forme de petites pelottes.

TOURNESOL.

Dans les anciens traités d'agriculture, le tournesol (*croton tinctorium*), désigné par les habitants du midi de la France sous le nom de *maurelle*, et qu'il ne faut pas confondre avec la *morelle*, plante narcotique de la famille des solanées, n'est pas mentionné parmi les plantes tinctoriales cultivées; c'est qu'en effet, jusque vers 1825, on s'était contenté de récolter la plante croissant à l'état sauvage dans les terrains incultes des départements des Bouches-du-Rhône, de Vaucluse, de l'Hérault, du Var, et jusque dans ceux de l'Aude et des Pyrénées orientales. Mais, peu à peu, la maurelle sauvage a commencé à devenir rare, tant parce qu'une grande partie des terrains précédemment incultes a été successivement convertie en champs cultivés ou en pâturages, que parce que la dépaissance des troupeaux, de plus en plus nombreux et affamés sur les terres incultes, ne laissait pas à la maurelle le temps de mûrir sa graine et de se reproduire par semis naturel. Dans ces circonstances, un jardinier du département de Vaucluse, voisin du canton de Gallargues, centre du commerce du bleu de tournesol, se mit à cultiver en petit la maurelle, dans le but d'en vendre la graine, qu'il mit le premier dans le commerce. Antérieurement à 1825, à peine aurait-on pu se procurer dans les jardins spécialement consacrés à l'étude de la botanique quelques grains de *croton tinctorium*; aucun marchand de grains n'en était pourvu, le tournesol n'ayant été jusqu'alors cultivé nulle part.

C'est un fait singulier dans l'histoire de cette plante que, depuis *cinq siècles au moins*, la matière colorante bleue du tournesol ait été exclusivement utilisée par les habitants d'une seule commune du département du Gard, celle de Gallargues, qui en vendent les produits aux Hollandais, lesquels en font seuls le commerce, de sorte que ces produits ne trouveraient pas d'acheteurs en France. Ce sont encore les Gallarguois qui seuls, depuis qu'ils ont renoncé à la recherche périodique de la maurelle sauvage, la cultivent sur le territoire de leur commune. La maurelle cultivée ne donne des produits de bonne qualité que dans les terres sèches et pierreuses ; elle croîtrait avec plus de vigueur dans les terres fraîches et fertiles, mais alors, au lieu d'être d'un bleu foncé, sa matière colorante serait d'une couleur indécise entre le bleu et le vert, et elle serait pour cette raison sans aucune valeur industrielle. Le terrain, après avoir reçu un labour profond à la bêche, est ensemencé en graine de maurelle, soit en novembre, soit en février. Dans un cas comme dans l'autre, la plante ne sort pas de terre avant la fin de mai ou les premiers jours de juin. La récolte se fait au mois d'août, en coupant les tiges de la plante au niveau du sol.

A Gallargues, on emploie, pour l'extraction de la matière colorante bleue du tournesol, des procédés qui, depuis cinq cents ans, et probablement depuis une époque beaucoup plus reculée, se sont conservés par tradition, sans aucune modification. Des moulins à meule verticale tournant dans une auge de pierre, comme celle d'un pressoir à cidre, sont employés pour triturer la maurelle et la réduire en pâte fine. Cette pulpe est soumise à l'action d'une forte presse, afin d'en faire sortir le suc de la plante; ce suc est recueilli et mis à part. Les tourteaux de maurelle pressée sont alors émiettés et délayés dans de l'urine putréfiée, en quantité suffisante pour remettre la pulpe à peu près au degré de consistance qu'elle avait avant d'être pressée. Elle est soumise une seconde fois à la presse, et le jus qui en découle n'est pas mêlé avec le suc pur de la plante. C'est avec ces deux liquides épais qu'on prépare la substance connue dans le commerce sous le nom de *drapeaux* de tournesol. Ce sont des chiffons de grosse toile, de forme irrégulière; on les trempe d'abord dans le jus pur de tournesol, puis, quand ils en sont bien imbibés, dans le jus mêlé d'urine. Les drapeaux sont alors étendus sur une place découverte, et séchés au grand soleil; il importe au succès de l'opération que la dessication soit aussi rapide que possible.

Ici commence la partie de la préparation des drapeaux de tournesol qui exige le plus d'attention et d'expérience. Le lendemain du jour où ils ont été imbibés et séchés, on prépare une couche de fumier frais de cheval, sur lequel on place un lit épais de paille sèche. Les drapeaux de tournesol sont étendus sur cette couche, puis recouverts d'un drap de lit blanc de lessive. Sur ce drap, on pose une seconde couche de fumier, épaisse comme la première de 25 centimètres, sans la comprimer, puis de la paille, puis des drapeaux et un drap de lit, en continuant dans le même ordre, pour former un tas d'un mètre cinquante à deux mètres de haut. Les drapeaux restent dans ces tas pendant un temps indéterminé, exposés aux vapeurs ammoniacales qu'exhale le fumier. C'est à celui qui dirige l'opération à juger du moment où les tas doivent être démontés; s'ils le sont trop tôt, le bleu de tournesol n'a pas atteint la nuance foncée de laquelle dépend sa valeur vénale; s'ils le sont trop tard, le bleu tourne au vert, et tout est perdu. On fait observer que, dans ces manipulations du tournesol, tout est livré au hasard; le succès dépend du degré de putréfaction des urines employées, de l'état de fermentation du fumier, de la durée du séjour des drapeaux dans les tas, toutes choses indéterminées, que l'expérience seule enseigne aux gens de Gallargues. C'est la difficulté de réussir sans cette longue expérience, qu'ils possèdent par tradition de temps immémorial, qui maintient les Gallargois en possession exclusive de la culture de la maurelle et de la fabrication des drapeaux de tournesol. Des commissionnaires, en possession de cette branche de commerce, viennent à Gallargues même acheter les drapeaux de tournesol qu'ils expédient en Hollande par ballots de 100 kilog. En 1858, la production des drapeaux de tournesol à Gallargues a été d'environ 45,000 kilog. représentant, au prix moyen de 220 fr. les 100 kilog., une somme totale de 99,000 fr., somme importante pour la population industrieuse d'une seule commune. Il n'est pas douteux que, si les procédés de la préparation des drapeaux de tournesol étaient simplifiés et régularisés de façon à en rendre la pratique facile et d'un résultat assuré pour le premier venu, la commune de Gallargues ne perdît immédiatement le privilége de la culture de la maurelle et de la préparation du tournesol.

En Hollande, on extrait la matière colorante bleue des drapeaux qui sert à teindre en bleu le papier dont on enveloppe les pains de sucre, et celui qu'on emploie comme réactif dans les laboratoires de chimie. On regrette d'avoir à dire aux amateurs et consommateurs de bonbons, que le même bleu sert aussi à colorer, en raison de ses propriétés inoffensives, une foule de produits de l'art du confiseur. Ceux qui savourent ces produits ignorent avec quels ingrédients peu ragoûtants a été préparée la matière colorante employée pour embellir ces mêmes bonbons auxquels, d'ailleurs, le bleu de tournesol ne peut communiquer aucune saveur désagréable.

CARTHAME.

La plupart des traités français d'agriculture s'abstiennent de décrire les procédés de culture du carthame, par le motif que cette plante, dont la culture occupe une place assez importante dans l'agriculture des pays de l'Orient, spécialement en Égypte, n'est cultivée que dans quelques cantons de l'Allemagne méridionale, et ne l'est presque pas en France comme plante tinctoriale. Mais, si elle ne l'est pas, elle pourrait l'être dans tous nos départements méridionaux, et le petit nombre de ceux qui n'en ont pas abandonné la culture en tirent un très-bon parti; cela suffit pour qu'on regarde comme un devoir de faire connaître les procédés de culture de cette plante tinctoriale. On fait remarquer qu'en Orient, le carthame est cultivé à la fois pour son principe colorant rose et pour l'huile comestible, peu abondante, mais de bonne qualité, contenue dans sa graine; c'est donc une plante en même temps tinctoriale et oléifère.

Le principe colorant du carthame réside exclusivement

dans la fleur. Ce principe était connu et utilisé dès la plus haute antiquité pour la teinture des tissus délicats. Les anciens retiraient exclusivement des fleurs du carthame le fard destiné à rehausser l'éclat du teint des dames ; ils ne connaissaient pas l'usage du fard métallique à base de vermillon, substance toxique, à laquelle la peau la mieux constituée ne résiste pas longtemps. Il n'y a pas lieu, d'ailleurs, de s'étonner que le rouge de carthame soit moins employé de nos jours par l'art de la teinture, en Europe, tandis qu'il l'est plus que jamais dans tout l'Orient. Le défaut de cette matière colorante, c'est de ne pas résister au contact de la lumière solaire ; la couleur rose délicate et vive d'une robe de soie ou d'un chapeau de satin qui doit sa nuance au carthame, est, selon l'expression reçue, *un déjeuner de soleil*. Une dame peut ainsi sortir de chez elle avec une robe rose, et rentrer, après une heure de promenade au soleil, avec une robe blanche teintée de rose dans les creux des plis. Le même effet doit se produire sous l'action des rayons du soleil ardent de l'Égypte et de l'Asie. Mais les mœurs de l'Orient ne sont pas celles de l'Europe ; les dames des pays musulmans ne se parent que dans leur intérieur ; jamais elles n'exposent leurs parures à l'influence de la lumière solaire ; c'est pourquoi les tissus teints au rouge de carthame n'ont pas pour elles le même inconvénient que pour les dames européennes. Ces dernières peuvent au reste employer les tissus teints au carthame, avec la seule précaution de s'en parer seulement à la lumière du gaz ou des bougies, qui n'ont sur le rose de carthame aucune action.

Le carthame, aussi désigné dans le commerce sous le nom de *safran bâtard*, à cause de la ressemblance éloignée de ses fleurs sèches avec le vrai safran, est une plante de 50 à 60 centimètres de haut, dont les tiges se terminent par des bouquets de fleurs d'un jaune orangé, tirant sur le rouge; ces fleurs sont la partie utile de la plante. On ne peut cultiver avec succès le carthame que dans une bonne terre de jardin, ameublie et fertilisée de longue main par diverses cultures très-soignées. Après un labour à la bêche, on sème la graine de carthame en lignes, espacées entre elles de 50 à 60 centimètres; les touffes sont espacées dans les lignes à la même distance. L'époque des semis varie selon la température locale; on peut semer dès le milieu de mars sous le climat de Marseille; on ne peut pas semer avant la première quinzaine de mai sous le climat de Paris. Une fois la plante levée, elle n'a plus besoin que d'un ou deux binages jusqu'au moment de la floraison. Toutes les fleurs ne s'épanouissent pas en même temps; les fleurs épanouies chaque jour doivent être cueillies de dix heures à midi, en ayant soin de ne les cueillir que par un temps sec, et seulement après que le soleil a dissipé la rosée. La récolte dure ainsi pendant quinze à vingt jours. Il est bon de faire observer qu'on ne cueille pas les fleurs entières; on arrache seulement les fleurons qui sont le carthame du commerce, et qu'on fait sécher pour les employer aux usages industriels. La plante reste sur pied jusqu'après l'entière maturité des graines; le carthame est alors coupé et arraché, puis battu pour en séparer la graine afin d'en extraire l'huile.

En ne cultivant le carthame que là où l'on a la certitude d'en vendre avantageusement les produits, la culture de cette plante, telle qu'on vient de la décrire, peut être aussi profitable que celle de toute autre plante industrielle.

PLANTES A SUCRE.

BETTERAVE.

Deux plantes industrielles, la *Betterave* et le *Sorgho*, sont cultivées en France pour l'extraction du sucre ; la seconde en est encore à sa période de début ; la betterave seule est en France, comme en Europe, la plante à sucre par excellence. Déjà, vers le milieu du dernier siècle, Margraff, célèbre chimiste allemand, avait démontré l'existence dans la betterave du sucre cristallisable ; déjà même les données exposées par ce savant, accueillies d'abord comme une curieuse expérience de laboratoire, avaient servi à l'établissement d'une fabrique de sucre indigène en Allemagne ; mais personne ne songeait encore sérieusement en Europe à faire du sucre de betterave le rival du sucre de canne des colonies. Ce fut une des grandes pensées de Napoléon Ier, que celle d'affranchir l'Europe, en commençant par la France, de toute dépendance envers les colonies des tropiques, quant à la production du sucre. Son règne fut trop agité et trop court pour lui permettre d'être témoin du succès de cette immense entreprise ; mais l'impulsion était donnée ; l'industrie du sucre indigène existait ; elle n'a pas cessé de progresser ; elle supporte aujourd'hui sa part des charges publiques, et elle n'en est pas moins florissante. L'Allemagne, l'empire d'Autriche et la Russie, qui n'avaient pas assez de sarcasmes contre la betterave, qu'il fallait, disait-on, envoyer se faire sucre, sont actuellement heureuses de s'approvisionner de sucre fabriqué sur leur propre sol, avec cette même betterave, dont elles faisaient des gorges chaudes, il y a cinquante ans.

Ce fut dans les départements du nord de l'empire, qui forment actuellement le royaume de Belgique, que furent distribuées les premières graines de betterave à sucre, avec une instruction sur la culture encore peu connue de cette racine. On promettait une prime assez élevée aux fermiers qui mèneraient à bien cette culture; des fabriques de sucre, en voie d'organisation, devaient acheter les betteraves à un prix déterminé par 1,000 kil. Le fermier belge sait cultiver; il sait aussi très-bien compter; il calcula ce que pouvait lui rendre un hectare de betteraves, et, grâce à une culture soignée autant qu'intelligente, dès la première année, la récolte fut splendide. Il y avait donc grande abondance de betteraves; mais, qu'en faire? Les fabriques de sucre n'étaient pas prêtes à fonctionner, loin de là. Les fermiers de l'arrondissement de Mons, en présence de ces difficultés, se concertèrent et prirent un parti décisif. Un beau matin, ils arrivèrent à Mons, tous à la file, conduisant leurs grands chariots à six chevaux, chargés de betteraves. Ils rangèrent leurs équipages en bon ordre, comme un parc d'artillerie, sur la place de l'Hôtel-de-Ville, et envoyèrent une députation au préfet que déjà la rumeur publique avait averti. Celui-ci félicita les cultivateurs; il leur fit immédiatement délivrer la prime promise, s'engagea à faire payer les betteraves au prix convenu dans un délai fixé, et renvoya les fermiers pleinement satisfaits, ayant, comme on dit, l'argent et la marchandise. Dès le lendemain, le préfet fit répandre dans les campagnes une note imprimée sur l'emploi de la betterave à la nourriture du bétail en hiver. Les fermiers trouvèrent si avantageux l'emploi de la betterave comme racine fourragère, qu'ils continuèrent à la cultiver pour cet usage. Plus tard, quand l'industrie sucrière se releva de sa ruine complète, quelques années après la chute de l'empire, il n'y avait pas dans tout le nord de la France non plus qu'en Belgique, une seule ferme de quelque importance où la culture de la betterave ne fût connue et pratiquée.

La culture a produit une multitude de sous-variétés de betteraves; les plus répandues ne sont pas les meilleures d'une manière absolue; on cultive en Allemagne des betteraves beaucoup plus riches en sucre que les meilleures des variétés cultivées en France sous ce rapport. Ce fait tient uniquement, non pas à la supériorité agricole des procédés allemands, mais à la manière dont est perçu dans ce pays l'impôt sur le sucre indigène. Pour en simplifier la perception, l'impôt ne frappe que les racines avant tout travail. Dès lors, le fabricant est intéressé au plus haut degré à ne travailler que les betteraves qui, sous un volume donné, peuvent fournir le plus de sucre; le cultivateur, pour pouvoir vendre ses betteraves, a dû chercher à en avoir des sous-variétés les plus riches possible en sucre. En France, l'impôt est uniquement prélevé sur le sucre en voie de fabrication; le fabricant achète les betteraves au poids; le fermier donne la préférence aux variétés les plus volumineuses, lesquelles ne sont pas les plus sucrées. Les espèces les plus cultivées sont la *rose* et la *blanche de Silésie*, la *jaune* et la *blanche de Castelnaudary* et la *betterave commune à sucre*. La richesse en sucre de ces racines varie selon le sol, le climat, l'exposition et le mode de culture. Les Allemands obtiennent jusqu'à 17 pour cent de la betterave qu'ils nomment *Impériale ;* ce rendement approche de celui de la canne à sucre qui donne 18 pour cent de sucre ; on assure qu'en France on en a obtenu qui rendent au delà de 20 pour cent ; en moyenne, une betterave passe pour bonne quand elle donne de 10 à 12 pour cent de son poids de sucre, et que ce sucre n'est pas mêlé de sels alcalins qui l'empêchent de se cristalliser. Il est bon de remarquer que les sous-variétés de betteraves les plus sucrées sont les moins volumineuses ; les Allemands qui ne cultivent que des betteraves très-sucrées, récoltent rarement au delà de 24 à 25,000 kil. de racines par hectare ; en France, un rendement de 35 à 40,000 kil. par hectare n'a rien d'extraordinaire, et il n'est pas rare de récolter, sur un hectare de très-bonne terre, 50,000 kil. de betteraves.

Il faut choisir avec soin la graine de betteraves ; celle de deux ans, récoltée parfaitement mûre, sur des porte-graines réunissant au plus haut degré les qualités propres à leur variété, est la meilleure ; la graine de betteraves peut conserver plus longtemps ses propriétés germinatives ; mais, passé trois ans, une partie ne lève pas. Il y a toujours dans les semis des betteraves qui montent dès la première année, quoique la betterave soit bisannuelle ; on doit bien se garder d'employer la graine de ces betteraves pour les semis ; elle ne donnerait que des produits dégénérés.

SEMIS ET SOINS DE CULTURE.

On prépare la terre pour les semis de betteraves par deux labours d'automne et un labour de printemps par lequel on enterre la fumure. Quelques agronomes ont conseillé de ne cultiver la betterave que dans une terre fumée l'année précédente pour une autre récolte ; l'expérience est contraire à ce conseil ; on doit semer la betterave directement sur la fumure, si l'on veut avoir le rendement le plus élevé que chaque variété peut donner. La betterave peut être semée, soit en place, soit en pépinière; les semis en pépinière pour repiquer en place sont les plus usités. Pour semer en place, on trace, en avril et mai, sur le sol façonné, hersé et roulé, des rayons peu profonds à 40 centimètres les uns des autres ; les graines y sont placées à 30 ou 40 centimètres dans les lignes, selon le volume présumé que doivent acquérir les racines. Pour transplanter, la graine semée en pépinière dans un terrain bien fumé et labouré à la bêche donne du plant vigoureux qu'on arrache vers la fin de mai, et qu'on transplante aux distances indiquées pour les semis en place. Depuis quelques années, on applique avec beaucoup de succès à la betterave, dans les départements du nord de la France, le mode de culture en billons décrit pour le rutabaga.

La fumure de 50 à 60 mètres cubes par hectare est amenée sur le terrain façonné d'avance en billons, et distribuée très-également dans les raies profondes qui séparent les billons ; puis, à l'aide d'un fort buttoir, les billons sont refendus par le milieu, de sorte que la fumure est enterrée sous les nouveaux billons résultant de ce dernier travail. La crête des ados est aplatie par un trait de rouleau léger et l'on y transplante le plant de betteraves, dont la racine se trouve en contact avec la fumure, ce qui le fait profiter à vue d'œil. Les binages et sarclages sont répétés aussi souvent qu'il est nécessaire, jusqu'à ce que les feuilles de la betterave couvrent le terrain qui doit être tenu extrêmement propre. Un peu avant le complet développement des racines, on peut enlever une partie des feuilles pour les faire consommer par les bestiaux, en respectant la touffe du centre ; il ne faut user de cette ressource fourragère qu'avec discrétion. Dans la petite et la moyenne culture, on sarcle et l'on bine les betteraves à la main, ordinairement avec la houe à deux dents, ou bident ; le même travail ne peut se faire dans la grande culture qu'avec la houe à cheval ; cet instrument ne doit être attelé que d'un seul cheval, sans quoi le dégât causé par l'attelage détruirait tout le bénéfice de l'opération.

ARRACHAGE.

Quand on n'a pas de motifs particuliers pour s'en tenir aux variétés de betteraves à racines très-longues et très-volumineuses, il y a tout avantage à cultiver celles qui, comme la *disette* et la *jaune ronde*, dite *globe jaune*, croissent en grande partie hors de terre, et peuvent facilement être arrachées à la main. Dans les terres légères, quoique fertiles, où ces variétés réussissent bien sur une bonne fumure, les betteraves s'arrachent sans peine, en les tirant par la touffe de feuilles qui les surmonte ; mais, dans les terres fortes, détrempées par les pluies, il est souvent difficile d'arracher les betteraves, et encore plus difficile de les débarrasser de la couche de terre adhérente à leur surface. De plus, les tombereaux ne peuvent entrer sans enfoncer jusqu'à l'essieu, dans les terres fortes détrempées par les pluies d'automne. Tous ces motifs doivent faire une loi au cultivateur de réunir le plus de monde possible pour enlever et nettoyer rapidement la récolte de betteraves, en profitant d'une période de beau temps, où la terre se détache aisément de la surface des racines.

Tous les engrais liquides, spécialement l'engrais humain délayé dans le purin, que les cultivateurs nomment *engrais flamand*, ont par rapport à la culture de la betterave le très-grave inconvénient de mêler au sucre en vue duquel cette plante est cultivée divers sels, qui rendent l'extraction du sucre plus ou moins difficile. Aussi les fabricants de sucre, lorsqu'ils passent avec les fermiers des marchés pour la livraison d'une quantité déterminée de betteraves, ont-ils grand soin de stipuler que l'engrais flamand ne sera pas employé pour leur culture. Malgré cette interdiction, quelques cultivateurs ne se font pas scrupule d'arroser clandestinement pendant la nuit avec une forte dose d'engrais flamand leurs champs de betteraves, quand les racines sont au tiers environ de leur grosseur ; les betteraves deviennent énormes; mais, si la fraude est constatée, le fabricant peut refuser de prendre livraison des betteraves, et demander des dommages intérêts. Ceux qui reçoivent des betteraves cultivées avec l'engrais flamand, ont mille peines à en extraire le sucre. Cet engrais ne peut être appliqué sans inconvénient à la betterave, que quand celle-ci est cultivée exclusivement pour la nourriture des bestiaux.

SORGHO.

Plusieurs variétés de *sorgho*, plante graminée très-voisine du millet, peuvent être cultivées avec grand avantage comme plantes industrielles en France, où elles ont déjà commencé à prendre pied dans la grande culture ; ce sont, par rang d'utilité, le *sorgho de la Chine* ou *sorgho à sucre*, le *sorgho Franklin*, et le *sorgho à balais*.

Le sorgho à sucre est plus riche en sucre que les meilleures espèces de betteraves ; sa culture est des plus faciles, et chacune de ses parties contient divers produits utilisables au profit de l'industrie. Ce sorgho a été importé de Chine en France par M. de Montigny, consul de France à Shang-haï, sous le nom de *canne à sucre de la Chine*. C'est en effet des tiges du sorgho à sucre que les Chinois retirent la plus grande partie du sucre qui se consomme dans leur pays. Si l'on considère les avantages que la culture en grand de cette plante peut procurer à l'agriculture européenne, on ne peut nier qu'ils ne soient fort importants. Les tiges coupées au moment de la maturité de l'épi donnent du sucre égal en qualité comme en quantité au meilleur sucre de canne ; le produit en grain, lorsqu'on laisse la plante parvenir à maturité, est 5 à 6 fois plus considérable que celui du froment et du seigle. On en peut préparer de très-bon pain, une sorte de chocolat agréable et nourrissant, et s'en servir pour l'engraissement rapide de toute espèce de bétail. Le suc extrait des tiges du sorgho sucré, étant livré à divers degrés de fermentation, peut donner soit de l'alcool, soit un vin à la fois salubre et agréable. L'enveloppe extérieure des graines du sorgho sucré contient un principe colorant rouge, qui peut en être extrait pour l'employer à la teinture de toute espèce de tissus. Enfin, dans ceux de nos départements dont le climat n'est point assez chaud pour que la graine du sorgho y puisse arriver à maturité, cette plante peut fournir un excellent fourrage vert, d'autant plus précieux qu'il peut être fauché pendant les mois de juillet et août, à l'époque de l'année où la chaleur et la sécheresse réduisent presque à rien la nourriture que les bestiaux trouvent habituellement au pâturage.

CULTURE DU SORGHO A SUCRE.

La graine du sorgho à sucre est d'un noir lustré qui ne permet pas de la confondre avec la graine des autres espèces de sorgho. On ne doit semer cette graine que dans nos départements au sud du bassin de la Loire, lorsqu'on se propose d'en récolter les graines mûres ; cette culture n'est tout à fait à sa place que dans la région du mûrier et de l'olivier. Il lui faut un sol frais, plutôt léger que trop fort, et largement fumé. On sème en pépinière, en mars et avril, pour obtenir du plant bon à transplanter en place dans le courant de mai. On plante en lignes, à 35 ou 40 centimètres en tout sens. Quand le sol est très-fertile, on doit espacer le plant de sorgho à sucre à 50 centimètres, car chaque pied ne donne pas moins de 5 à 6 tiges qui s'élèvent en moyenne à 2 mètres 50 et assez souvent à 3 mètres de hauteur. Quatre à cinq kilogrammes de graine suffisent pour obtenir le plant nécessaire à la plantation d'un hectare. On peut aussi semer en place, en lignes, en employant par hectare 12 à 15 kil. de graine, puis éclaircir le plant 15 jours après qu'il est bien levé, afin qu'il se trouve espacé dans les lignes à la distance voulue. La transplantation ou le semis en place se fait dans une terre préparée par deux labours soignés et deux hersages croisés, comme pour une semaille de céréale d'hiver. On donne un sarclage 15 ou 20 jours après la levée du jeune plant, et un bon buttage 20 à 25 jours plus tard.

Les hautes tiges du sorgho à sucre, chargées à leur sommet d'une panicule qui ne contient pas moins de 1800 à 2000 graines, versent assez souvent, ce qui d'ailleurs n'empêche pas le grain de mûrir, et ne nuit pas à la qualité du sucre contenu dans les tiges.

PRODUITS DU SORGHO A SUCRE.

En broyant les tiges du sorgho à sucre, coupées au moment où elles arrivent à maturité, exprimant le jus et le traitant par les procédés usités pour la fabrication du sucre de betteraves, on extrait de beau sucre cristallisé, dans la proportion de 12 à 15 pour cent du poids des tiges dépouillées de leurs feuilles. D'après M. Hardy, le rendement d'un hectare en tiges épluchées est de 83,000 kilogrammes.

Les tiges contiennent 67 pour cent de leur poids de jus, et quand ce jus est livré à la fermentation pour en obtenir de l'alcool, il donne environ 13 pour cent de son poids d'alcool absolu. Un autre produit qui, convenablement exploité, peut avoir aussi son importance, est indiqué sous le nom de *cérosie*. C'est une substance analogue à la cire des abeilles et propre aux mêmes usages, qui se développe à la surface des tiges du sorgho à sucre parvenues à toute leur maturité. Les tiges de sorgho produites par un hectare peuvent donner 100 kil. de cérosie ou cire végétale, de très-belle qualité.

Les enveloppes de la graine du sorgho à sucre, traitées par divers agents chimiques, donnent deux principes colorants, l'un jaune, soluble dans l'eau, l'autre rouge, soluble dans l'alcool et dans l'éther, tous deux applicables avec avantage à la teinture des étoffes.

Comme fourrage, le sorgho à sucre n'est pas moins avantageux à cultiver que comme plante industrielle. Dans le Var, M. de Beauregard, président du comice agricole de Toulon, a constaté par la voie la plus sûre, celle de l'expérimentation directe, que, soit pour les bœufs à l'engrais, soit pour les bœufs de travail, une ration de tiges et feuilles vertes de sorgho à sucre de 33 kil. par tête et par jour, produit autant d'effet utile que 15 kil. de foin sec, représentant 60 kil. de foin à l'état frais. Les bêtes bovines, bœufs ou vaches, nourries au sorgho frais, coupé au moment où les panicules commencent à se montrer, boivent peu et n'ont presque jamais soif, même pendant la saison la plus chaude de l'année. La quantité de sorgho à l'état de fourrage frais que peut produire un hectare est évaluée à 50,000 kil. qui représentent 20,000 kil. de foin sec.

Pour la nourriture de l'homme, la graine mûre du sorgho à sucre donne une farine qui peut être convertie en pain de bonne qualité; mais, il faut pour cela que la graine de sorgho ait été préalablement convertie en gruau pour la débarrasser de toute son enveloppe noire, puis remise sous la meule pour en obtenir une farine très-blanche, facilement panifiable. Autrement, le blutage le plus soigné ne donne qu'une farine mêlée de parcelles très-divisées de l'écorce de la graine de sorgho; le pain fait avec cette farine, bien qu'il soit exempt de mauvais goût, est fortement coloré, ce qui inspire de la répugnance à beaucoup de consommateurs.

On voit par ce résumé que, soit comme plante alimentaire à l'usage de l'homme, soit comme plante fourragère du premier mérite, soit enfin comme plante industrielle, le sorgho à sucre est très-digne d'être cultivé.

Le *sorgho Franklin*, espèce distincte du sorgho à sucre, est la même plante qui, sous le nom de *doura*, tient, dans la nourriture habituelle des populations nègres de l'intérieur de l'Afrique, la même place que tiennent le froment et le seigle dans celle des peuples d'Europe. Il mérite une mention spéciale, parce que dans tout l'arrondissement de Louhans (Saône-et-Loire) sa culture a pris un grand développement et est devenue une source de grande aisance pour les cultivateurs.

Il y a une destinée pour les plantes comme pour les individus. Vers la fin du siècle dernier, la culture du sorgho était complétement inconnue aux États-Unis, lorsqu'un jour, Benjamin Franklin eut occasion de rendre visite à une dame qui, se trouvant occupée, lui fit faire antichambre. Machinalement, Franklin fit, du regard, l'inventaire de tout ce que renfermait l'antichambre. Il remarqua sur une console un petit panier ouvert et vide, sur lequel était collé un papier portant cette indication: *Graines diverses*. Il renversa le panier et le secoua sur la console; il en fit tomber *une seule graine*, entièrement nouvelle pour lui.

Remettant sa visite à une autre fois, Franklin rentra chez lui, emportant la graine inconnue; il la sema dans son jardin et en obtint le premier pied de sorgho qui ait végété en Amérique. Ce fut ainsi que le Nouveau-Monde fut doté d'une plante qui n'a pas cessé depuis d'occuper une place importante dans son agriculture. Quoique la tige du sorgho Franklin contienne du sucre, seulement un peu moins abondant qu'il ne l'est dans la tige du sorgho à sucre de la Chine, ce n'est pas comme plante à sucre qu'il est cultivé ; ce n'est pas non plus comme plante fourragère, quoique son fourrage frais soit très-nourrissant, mais il peut donner lieu à des accidents graves de météorisation, tant chez les bêtes bovines que chez les bêtes à laine. Le sorgho de Franklin n'est cultivé que pour sa graine extrêmement abondante et éminemment propre à l'engraissement des bestiaux.

CULTURE DU SORGHO DE FRANKLIN.

Toutes les bonnes terres à blé, à l'exception de celles dans lesquelles l'argile est en trop grand excès, conviennent au sorgho de Franklin ; sa graine arrive à parfaite maturité sous le climat moyen de la France centrale. Sa culture demande la même fumure qu'on accorde à une culture de froment. Le sol, labouré une première fois avant l'hiver, reçoit un second labour en mars, un troisième en avril, pour enfouir la fumure, puis un hersage sur lequel on sème du 20 au 25 avril, à raison d'un hectolitre de graine par hectare. Les semailles faites en lignes, soit à la main, soit au semoir, rendent les sarclages plus faciles ; après le premier sarclage, le plant est éclairci pour qu'il se trouve espacé à environ 20 centimètres dans tous les sens. Le reste de la culture est conduit absolument comme la culture du maïs. Le grain n'est mûr qu'à la fin de septembre ; lorsqu'il est mûr, il doit avoir une nuance analogue à celle de la graine de lin, à laquelle il ressemble par sa forme aplatie. Les premières gelées blanches, assez fréquentes vers la fin de septembre, n'endommagent en rien la récolte du sorgho de Franklin ; il n'y a pas lieu de s'en préoccuper. Le rendement moyen en grain est de 100 à 110 hectolitres par hectare ; il n'y a pas de céréales, sans excepter les meilleures espèces de maïs, qui en donnent autant.

USAGE DES PRODUITS DU SORGHO FRANKLIN.

Outre son grain, le sorgho Franklin, bien qu'il constitue une variété distincte plus productive et moins sensible au froid que le *sorgho à balais* de Provence, n'en est pas moins propre à la fabrication des balais ; on en peut faire de 1,000 à 1,100 avec les tiges récoltées sur un hectare. Après qu'on en a détaché les sommités, seules employées pour faire des balais, il reste de longues et fortes tiges dont on fait des palissades pour clôture, ou tout simplement du feu pour chauffer le four. La farine de graine de sorgho de Franklin est panifiable comme celle du sorgho à sucre, à la condition de dépouiller totalement la graine de son écorce avant de la réduire en farine.

Dans l'arrondissement de Louhans on donne aux bœufs qu'on veut engraisser avec le sorgho de Franklin un décalitre par jour de farine de sorgho non blutée, délayée dans de l'eau tiède, pour en faire une bouillie claire. Ces bœufs reçoivent en outre *la moitié* de leur ration ordinaire de fourrages secs et de racines coupées, ration calculée d'après le poids des animaux. La durée de l'engraissement est de trois mois, pendant lesquels un bœuf de grande taille a consommé 9 hectolitres de graine de sorgho. On peut, par conséquent, engraisser complétement 12 bœufs avec la graine de sorgho récoltée sur un hectare. Les bouchers du pays payent à un prix plus élevé les bœufs engraissés au sorgho, à cause de la qualité supérieure que cet aliment donne à leur chair et à leur graisse. Les moutons et les porcs s'engraissent aussi bien que les bœufs avec la même graine ; on estime dans Saône-et-Loire que 125 à 130 moutons de moyenne taille peuvent être engraissés avec le produit d'un hectare de sorgho de Franklin, ce qui rend largement en fumier à la terre ce que la culture du sorgho peut lui avoir enlevé de principes fertilisants.

Le *sorgho à balais*, variété distincte du sorgho de Franklin, en diffère surtout par son tempérament. De même que le sorgho à sucre, il ne peut être cultivé avec succès que dans nos départements les plus méridionaux. Du reste, sa culture, ses produits et les moyens de les utiliser sont les mêmes que pour le sorgho de Franklin.

PLANTES INDUSTRIELLES DIVERSES.

Cette division des plantes industrielles comprend le *houblon*, le *safran*, le *chardon à foulon* et le *tabac*. On sait que la culture de cette dernière plante n'est pas libre en France et qu'elle ne peut être pratiquée que dans un certain nombre de départements, avec une autorisation spéciale de la régie des contributions indirectes, qui en achète les produits à un prix fixé par elle-même et connu d'avance du cultivateur autorisé. Toutes ces circonstances rendent la culture du tabac fort limitée en France ; elle prend, au contraire, d'année en année, une plus grande extension dans notre colonie de l'Afrique française, particulièrement dans la province d'Alger.

HOUBLON.

Dans toutes les parties de la France où la vigne ne peut être cultivée et où la bière est la boisson habituelle, la culture du houblon est considérée comme très-importante. Elle est assez avantageuse partout où elle réussit ; mais peu de terrains lui conviennent, et c'est là surtout ce qui donne aux produits d'une houblonnière une valeur vénale fort élevée. Ces produits consistent uniquement dans les *cônes* ou fruits renfermant la graine du houblon ; ces cônes sont l'assaisonnement indispensable de toutes les bières.

Le houblon est, comme le chanvre, une plante dioïque, portant des fleurs femelles et des fleurs mâles sur des pieds séparés. Le houblon mâle ne donne aucun produit utile ; néanmoins, il est bon d'en planter quelques pieds de distance en distance dans la houblonnière, afin que les cônes des pieds femelles puissent être fécondés, ce qui en augmente à la fois le volume et la qualité.

Le sol où l'on se propose d'établir une houblonnière doit être à la fois riche, frais, plutôt léger que fort, et très-profond ; cette dernière condition est la plus essentielle. Il faut aussi avoir égard à l'exposition ; si la situation de la houblonnière est trop découverte, trop exposée aux coups de vent, le houblon ne peut y réussir. Le meilleur emplacement est une plaine en pente légère au sud ou au sud-est, au pied d'un coteau assez élevé pour servir d'abri au houblon qui ne supporte pas les vents violents, surtout ceux de l'ouest et du sud-ouest.

PLANTATION.

Le houblon n'est multiplié que de boutures, qui s'enracinent toujours facilement ; on bouture le houblon soit en place, soit en pépinière. Il vaut beaucoup mieux élever le plant de houblon en pépinière que de le bouturer en place, quoique les boutures en place réussissent presque toujours ; mais il en manque inévitablement quelques-unes qu'il faut remplacer, et puis, toutes ne poussent pas avec une égale vigueur : il en résulte que la plantation faite par boutures en place est très-inégale. Si le plant a été élevé de bouture en pépinière, on peut le choisir avec soin et peupler la houblonnière de boutures enracinées toutes de même force, disposées à végéter très-également, ce qui est l'une des conditions de succès d'une jeune houblonnière. Le sol, défoncé à la bêche à 30 ou 40 centimètres de profondeur, reçoit une fumure de 100 mètres cubes de bon fumier par hectare. La houille étant le chauffage ordinaire le plus usité partout où le houblon est cultivé, on incorpore au fumier une forte dose de cendres de houille, sans toutefois considérer ces cendres comme autre chose que comme un stimulant, et sans diminuer, par conséquent, la dose du fumier destiné à la houblonnière. Afin que le plant profite plus complétement de l'engrais, on le distribue, non pas à toute la surface du terrain, mais seulement aux places où le plant enraciné doit être transplanté à demeure. Voici comment ces places sont déterminées : après avoir défoncé le terrain et l'avoir laissé reposer pendant l'hiver, on y trace, vers la fin de février au plus tard, des raies espacées entre elles de deux mètres ; puis, ces raies sont croisées par d'autres à la même distance : tous les points de rencontre des raies doivent recevoir une touffe de houblon. Sur chacune de ces places on amène le fumier, qu'on incorpore à la terre en formant une légère éminence d'environ 1 mètre de rayon. Quelques jours après, c'est-à-dire au commencement de mars, le plant est mis en place, à raison de cinq boutures enracinées, ayant un an de pépinière, au centre de chaque éminence, dans laquelle il doit y avoir autant de fumier que de terre. Si l'on veut que la houblonnière ait de l'avenir, il faut ajouter à cette fumure énergique quelques poignées de guano ou de poudrette, incorporées à un volume égal de terre sèche pulvérisée ; on répand ce mélange au pied de chaque bouture, et, malgré tous ces soins, elles végètent faiblement la première année de leur mise en place ; mais leurs racines prennent possession du terrain, et le houblon se prépare à végéter activement les années suivantes.

La principale dépense pour la culture du houblon est celle des perches, qui ne durent jamais bien longtemps, parce que leur extrémité inférieure, en séjournant en terre, se pourrit et doit être rafraichie tous les ans, de sorte que les perches ne se trouvent plus assez longues pour soutenir les tiges volubiles du houblon. Depuis que le prix du fil de fer a diminué sensiblement, on emploie, comme support des tiges du houblon, de très-gros fil de fer soutenu par de solides piquets d'une hauteur suffisante; c'est cher; mais, la dépense une fois faite, il n'y a plus à y revenir.

Une bonne houblonnière en bon terrain peut durer de dix à douze ans, mais à la condition que la fumure au pied des touffes sera renouvelée tous les ans, ou au plus tard tous les deux ans, sur les racines de houblon qui, seules, sont vivaces et donnent tous les ans une profusion de pousses annuelles. A l'époque de la reprise de la végétation, on élimine les pousses surabondantes pour n'en laisser subsister qu'un nombre en rapport avec la vigueur de chaque plante. Les cônes du houblon arrivent ordinairement à maturité vers le milieu de septembre; la récolte de ces cônes est une sorte de fête analogue à celles qui accompagnent les vendanges dans les pays vignobles. Le plus léger mouvement de fermentation peut altérer profondément cette précieuse récolte et lui ôter une grande partie de sa valeur vénale; on doit donc se hâter, à mesure que les cônes sont cueillis, de les étendre sur le plancher d'une chambre, sans les entasser. On donne beaucoup d'air, on retourne fréquemment les cônes, et ils se dessèchent promptement. Quoique le prix du houblon soit toujours élevé, la culture en est si coûteuse, et elle est si souvent contrariée par le mauvais temps, qu'elle ne récompense pas toujours les peines et les avances du cultivateur.

SAFRAN.

Le *safran* n'a droit à une place parmi les plantes industrielles que parce que, malgré son prix élevé, il est quelquefois employé pour la teinture, en jaune clair, d'objets de parure d'un petit volume. On sait que le même nom désigne la plante elle-même et son produit utile, qui consiste exclusivement dans les organes reproducteurs qui occupent le centre de chaque fleur. Le safran est principalement usité comme assaisonnement et comme médicament; celui qu'on récolte en France est presque en totalité destiné à l'exportation. La culture du safran n'est guère pratiquée sur une grande échelle que dans la partie du Loiret désignée sous son ancien nom de *Gâtinais*. Une bonne terre à blé, quand elle n'est pas trop forte, à une exposition méridionale, convient très-bien au safran. Les oignons du safran sont fort délicats; ils ne supportent pas le contact du fumier, qui leur fait contracter la pourriture; il ne faut les planter que dans une terre fumée l'année précédente pour une autre culture. Immédiatement après l'enlèvement de la récolte, qui consiste le plus souvent en un seigle ou une orge à maturité précoce, le sol est labouré à la bêche et façonné en planches séparées par des sentiers, comme celles d'un jardin potager. Il ne faut pas planter les oignons du safran plus tard que la seconde semaine de juillet; par conséquent, tout le travail préparatoire doit être exécuté rapidement. Les oignons sont mis en place, en lignes, à 1 décimètre en tout sens, et enterrés uniformément à 5 centimètres de profondeur; les fleurs se montrent successivement dans le courant d'octobre. Si le temps est favorable, toute la récolte peut être enlevée en cinq à six jours; si la floraison est contrariée par le mauvais temps, elle peut durer de dix à douze jours: les fleurs, dans tous les cas, sont cueillies deux fois par jour. Chaque fleur doit être prise une à une pour en détacher le pistil, seule partie utile en vue de laquelle la plante est cultivée. Tout ce travail minutieux exige beaucoup de main-d'œuvre avec peu de dépense de forces : la culture du safran n'est réellement avantageuse que dans les petites exploitations, quand le cultivateur est entouré d'une famille nombreuse dont le travail ne lui coûte rien ; toute la besogne de la culture et de la récolte du safran peut être très-bien faite par des enfants et des femmes. Le safran récolté est immédiatement séché au-dessus d'un feu de braise ou de charbon de bois exempt de toute fumée ; on le conserve jusqu'au moment de la vente dans des boîtes d'étain ou de fer-blanc ; il ne doit pas y être entassé, on le range en couches minces entre lesquelles on place une feuille de papier blanc.

Quand la culture du safran a occupé le sol pendant trois ans, sa durée habituelle, on arrache tous les oignons, on élimine avec soin ceux qui sont ramollis ou tachés, et les meilleurs sont mis en réserve pour renouveler ailleurs la plantation. Dans les terres qui lui conviennent le mieux, le safran peut revenir à la même place après un intervalle de cinq ans ; dans celles de fertilité moyenne où il est habituellement cultivé, il ne doit revenir qu'après un intervalle de huit ou neuf ans. Les produits de la culture du safran, quoique d'un prix toujours très-élevé, ne donneraient presque jamais un bénéfice réel si tout le travail devait être exécuté par des ouvriers payés ; mais c'est, quand elle est bien conduite, une culture qui peut apporter beaucoup d'aisance au sein d'un ménage nombreux de petits cultivateurs. Bien qu'il soit cantonné dans la région où on le cultive de temps immémorial, le safran peut réussir dans tous les pays de métayage et de petite culture des départements du centre de la France.

CHARDON A FOULON.

Le *chardon à foulon* n'est point admis par les botanistes parmi les chardons ; il constitue un genre à part, sous le nom de *cardère*. La cardère est cultivée dans les cantons voisins des fabriques d'étoffes de laine ; la partie utile de la plante consiste dans les têtes ou *capitules*, hérissés de piquants à la fois solides et souples. Ces têtes, adaptées sur des cylindres, servent à donner l'apprêt connu sous le nom de *lainage* à tous les tissus de laine, particulièrement aux draps ; les manufactures de draps en emploient pour cet usage de grandes quantités. La culture de la cardère ne réussit bien que dans les terres à la fois fertiles et très-fortes. La graine peut être semée en place ou en pépinière ; les semis en place sont les plus usités. La terre, préparée comme pour une culture de froment de printemps, est hersée de bonne heure en mars, puis roulée. On y trace ensuite des lignes espacées entre elles de 50 centimètres ; la graine de cardère est semée très-clair dans ces lignes ; le plant est éclairci très-jeune, afin qu'il se trouve régulièrement espacé à 40 centimètres dans les lignes. Les mêmes distances sont observées pour la transplantation, quand le plant a été élevé en pépinière ; mais c'est un surcroît de travail inutile ; les semis en place donnent d'aussi beaux produits que la culture par transplantation. La cardère est bisannuelle; elle ne monte et ne fleurit que la seconde année, ce qui en rend la culture assez coûteuse. Elle reçoit deux binages la première année, et autant la seconde : en donnant les derniers binages, on a soin d'extirper les rejetons qui se montrent au pied des plantes, afin qu'ils ne détournent pas une partie de la séve à leur profit. On récolte les têtes dans le courant de juillet et d'août ; il faut beaucoup d'habitude pour saisir le moment précis où elles ont toute leur valeur industrielle, un peu avant la complète maturité de la graine. Récolté trop vert, le chardon à foulon est trop souple; récolté trop mûr, il est trop roide et trop cassant. Les têtes sont réunies par bottes assorties de grosseur uniforme. On laisse complétement mûrir une partie des plantes dont on récolte la graine; celle des têtes livrées au commerce n'est jamais assez mûre pour pouvoir servir aux semailles. Quoiqu'elle supporte deux années de frais de culture, la cardère, dans les cantons où le placement de ses produits est assuré, est une récolte aussi avantageuse que toute autre; mais les prix, très-variables, dépendent entièrement de l'état de l'industrie manufacturière. Le cultivateur agit prudemment en ne cultivant le chardon à foulon que *sur commande*, et en proportionnant la production aux besoins des fabriques; c'est seulement ainsi que le placement des produits peut être assuré à des prix suffisamment rémunérateurs. La place de la culture du chardon à foulon est sur la fumure, en tête de l'assolement ; c'est une culture épuisante qui ne doit pas revenir plus d'une fois dans une rotation de quatre ou de cinq ans.

La place de la culture de la cardère dans l'assolement varie selon le système de culture de chaque exploitation ;

en général, la cardère succède à une céréale et précède une prairie artificielle qui repose la terre plus ou moins fatiguée par la production de la cardère.

On cultive deux variétés de cardère qui, sans différer l'une de l'autre par aucun caractère appréciable, sont très-distinctes quant à la forme des têtes, ce qui leur a fait donner le nom de *chardon fort* et *chardon fin*. Le chardon fort, dont les tiges s'élèvent jusqu'à trois mètres, donne des têtes fort grosses, servant au lainage des draps communs. On ne doit l'admettre que dans les terres les plus profondes; si sa racine ne rencontre pas un sol suffisamment pénétrable, elle se bifurque et la plante ne fleurit presque pas. Le chardon fin, dont les tiges ne dépassent pas deux mètres, se contente d'un terrain moins profond que celui qui convient seul à la culture du chardon fort; il se ramifie peu naturellement, et ne produirait qu'un petit nombre de têtes, si l'on ne prenait soin de l'étêter dès que les boutons de fleurs commencent à se montrer. La suppression du bouton central fait émettre à la plante un plus grand nombre de pousses latérales et de petites têtes, particulièrement propres au lainage des tissus les plus délicats. La culture des deux sous-variétés de cardère est la même. Dans un sol très-fertile, le chardon fin réussit mieux lorsqu'il a été repiqué, que quand la graine a été semée en place; la transplantation prévient la formation au pied de la plante d'une multitude de rejetons qui l'épuisent aux dépens de ses produits utiles. Quoique passablement rustique, la cardère qu'on rencontre à l'état sauvage dans les pays du nord de l'Europe est cependant plus productive quand on lui donne, avant son premier hiver, une légère couverture de fumier long qui fait végéter la plante de très-bonne heure et la dispose à fleurir avec abondance.

La cardère a pour ennemi l'*orobanche*, plante cryptogame parasite vénéneuse, qui s'attache à ses racines et contrarie sa végétation. On doit l'arracher brin à brin à mesure qu'elle se montre, sans quoi elle se multiplie au point de réduire sensiblement les produits de la culture de la cardère.

TABAC.

Peu de plantes cultivées en dehors de la série des plantes alimentaires exercent une influence plus remarquable que celle du tabac sur le sort du genre humain. La statistique démontre qu'au moment où cet ouvrage est écrit, l'Europe consomme annuellement 50,290,000 kilogr. de tabac, dont elle produit 30,090,000 kilogr., et dont elle achète au dehors 20,200,000 kilogr. Les impôts prélevés sous diverses formes par les gouvernements sur le tabac s'élèvent ensemble, pour toute l'Europe, à 244,000,000 de francs, dont la Grande-Bretagne paye environ 140 millions, et la France 90 millions. L'histoire du tabac et de son introduction dans les divers États de l'Europe est environnée de beaucoup d'obscurité. Ce qui paraît certain, c'est que l'usage de fumer des feuilles de tabac était généralement répandu parmi les indigènes des deux Amériques, à l'époque où cette partie du monde fut découverte par les Européens ; le tabac y croît à l'état sauvage sur les terres élevées et découvertes. On a aussi trouvé une variété de tabac sur quelques points du continent australien. Il est douteux que la culture et l'usage du tabac aient été introduits en Asie par les Européens. Chardin, voyageur français digne de foi, qui avait habité fort longtemps la Perse. pays où tout le monde fume, affirme que le tabac passait pour être cultivé en Perse, de son temps, depuis plus de quatre siècles, ce qui en ferait remonter l'usage, en Orient, à une époque de beaucoup antérieure à celle de la découverte du nouveau monde par Christophe Colomb. C'est au médecin français Nicot qu'on doit l'introduction du tabac en France, sous le règne des derniers Valois ; il dédia à Catherine de Médicis cette plante, qui porta longtemps le nom d'*herbe à la reine*: les botanistes lui ont donné celui de *nicotiane*. La culture a multiplié à l'infini les variétés et sous-variétés du tabac (*fig.* 5). On sait qu'en France la culture du tabac n'est pas libre; en Angleterre, elle est prohibée d'une manière absolue. Dans presque tous les États de l'Europe, la production du tabac est soumise à diverses restrictions, et ce produit est frappé d'un impôt plus ou moins élevé. En France, la régie des contributions indirectes détermine les localités où le tabac peut être cultivé, l'étendue des cultures, et jusqu'au mode de culture et au nombre de plantes qui peut être cultivé par hectare ; l'administration achète les produits au prix qu'elle fixe elle-même, et qu'elle fait connaître d'avance aux cultivateurs autorisés. En dépit de toutes ces entraves, il y a

Tabac à feuilles longues. (Fig. 5.)

toujours beaucoup plus de demandes d'autorisation de culture du tabac que la régie ne peut en accorder, preuve évidente qu'elle traite avec les producteurs à des conditions qu'ils jugent eux-mêmes équitables.

CULTURE DU TABAC.

La culture du tabac n'est autorisée en France que dans les départements du Lot, du Haut-Rhin, du Bas-Rhin et du Nord. Le sol qui convient le mieux à cette plante est une terre douce, parfaitement homogène, argilo-calcaire ou argilo-siliceuse, avec une proportion suffisante de principes calcaires, fraîche et profonde, sans excès d'humidité, et, autant que possible, en pente légèrement inclinée au midi. Il est indispensable que les champs où le tabac est cultivé soient abrités contre les vents violents qui soufflent habituellement en amenant la pluie, et dont la direction peut varier pour chaque localité. Les feuilles de tabac, lacérées par le vent accompagné de pluie battante, perdent toute leur valeur. On le sait si bien en Hollande, pays où la culture du tabac est parfaitement entendue, que les champs consacrés à cette culture sont toujours des enclos de peu d'étendue, entourés de haies très-élevées, servant à abriter les plantes contre les tempêtes de l'Océan ; sans cette précaution, les Hollandais ne récolteraient pas de tabac. A fertilité égale, ce sont les terres les plus légères et les plus douces qui produisent le tabac le plus estimé ; celui des terres humides, compactes par excès d'argile, est plus ou moins grossier et ne peut être utilisé que comme tabac à priser ; il est médiocre comme tabac à fumer, et ne peut être converti en cigares.

La culture du tabac, dans les terres qui réunissent toutes les conditions de succès désirables, présente une particularité fort remarquable, en complet désaccord avec la théorie des assolements, telle qu'elle est généralement admise dans la pratique rationnelle de l'agriculture en Europe. La première récolte de tabac obtenue d'une bonne terre qui n'en a jamais produit est médiocre ; la seconde vaut mieux ; la troisième est tout ce qu'elle peut être. Loin de se fatiguer à porter du tabac, il semble que plus le même sol en produit coup sur coup, plus la qualité du tabac s'améliore, les quantités récoltées restant sensiblement les mêmes : il est vrai que cette culture reçoit beaucoup d'engrais. Ce n'en est pas moins un phénomène singulier, unique même en agriculture, que celui d'une plante industrielle essentiellement épuisante, revenant pendant 30 et même 40 ans de suite à la même place, sans intercalation d'autres cultures, et donnant des récoltes sensiblement égales entre elles quant à la quantité, et d'une qualité d'autant meilleure qu'il y a plus longtemps que le tabac se succède à lui-même dans le même sol. Lorsqu'on préfère faire entrer la culture du tabac dans un assolement régulier, sa place est à la suite d'une culture de pommes de terre ou d'une autre culture de racines sarclées et largement fumées.

La préparation du sol qui doit porter une récolte de tabac exige beaucoup de soins ; il importe que la terre soit ameublie à une profondeur suffisante pour que les racines du tabac puissent s'y étendre sans obstacles, résister aux sécheresses prolongées, et ressentir l'influence bienfaisante de la chaleur solaire. On donne au moins trois labours, un à l'entrée de l'hiver, les deux autres au printemps. Lorsqu'on opère sur des surfaces d'une grande étendue, ces labours ne peuvent être exécutés qu'à la charrue ; mais partout où la main-d'œuvre ne manque pas et n'est pas d'une cherté exagérée, les labours à la bêche sont de beaucoup préférables. Ils sont toujours possibles quand l'étendue de la culture du tabac ne dépasse pas 3 ou 4 hectares.

Au second labour, on enfouit la fumure, qui ne doit pas être de moins de 60,000 kilog. de fumier à l'hectare. Le fumier des moutons et celui des porcs sont ceux qui agissent avec le plus d'énergie sur la végétation du tabac. Un troisième labour, moins profond que les deux autres, afin de ne pas ramener la fumure à la surface, est donné en février, d'aussi bonne heure que l'état de la terre et celui de la température peuvent le permettre, et la terre reste en cet état jusqu'au moment de la plantation. Dans le Nord, on donne en avril un quatrième labour superficiel ; on répand par hectare 4 à 5 mille kilog. de tourteau de colza en poudre ; on herse énergiquement et l'on donne un autre labour à 7 ou 8 centimètres de profondeur seulement, afin que la poudre de tourteau soit intimement mêlée à la couche superficielle du sol. On peut aussi, au lieu de répandre le tourteau à l'état d'engrais pulvérulent, le délayer dans de l'urine de vache, et le répandre sous forme d'engrais liquide. Dans ce cas, il faut éviter avec soin que cet engrais soit mêlé d'urine de cheval, qui communiquerait au tabac un goût caustique particulier, et lui ôterait les qualités qui le font rechercher des amateurs. Enfin, au moment de la plantation du tabac, vers le milieu de mai, on donne une dernière façon superficielle suivie d'un hersage en long et d'un autre en travers, de sorte que la terre se trouve complétement pulvérisée. On comprend que toutes ces façons ne peuvent être que très-coûteuses, et que la récolte doit être payée à un bon prix pour rembourser le cultivateur de ses avances avec un bénéfice raisonnable.

SEMIS ET PLANTATION.

Le tabac doit être élevé en pépinière avant d'être mis en place à demeure. Dans le Nord, la pépinière est une couche tiède ordinaire, recouverte de 20 centimètres de bonne terre de jardin mêlée à de bon terrain par parties égales; dans le Midi, on sème en pleine terre, sur une plate-bande bien labourée et fumée comme pour une culture jardinière. La graine de tabac est excessivement fine ; selon les observations de Linné, une seule capsule n'en contient pas moins de 40,000. On peut compter que quand cette graine est bien mûre et qu'elle a atteint son volume normal, un centimètre cube en contient environ 11,000 ; c'est sur cette base que les semis doivent être calculés. Il vaut mieux semer clair que trop serré, afin que les jeunes plantes ne se nuisent pas réciproquement. L'usage général est de mêler la graine de tabac à 10 ou 12 fois son volume de sable blanc ou de plâtre en poudre. Par ce moyen, le semeur voit ce qu'il fait et ne court pas risque de semer trop serré sans le vouloir. On peut semer sur couche dès la fin de février ; on ne peut pas semer à l'air libre avant le milieu d'avril. En cas de sécheresse, les semis de graines de tabac ont besoin d'être arrosés ; ils ne doivent l'être qu'avec un arrosoir à gerbe plate, percée de trous très-fins, pour que le sol soit humecté sans être tassé, ou, selon l'expression reçue, *plombé* par les arrosages. Quand le plant a deux feuilles, on tamise par-dessus quelques centimètres de terreau fin, puis on dégage délicatement les feuilles en partie recouvertes de terreau ; ce rechargement fait profiter le plant de tabac à vue d'œil.

La mise en place de ce plant, élevé en pépinière, ne peut être faite plus tôt que le 15 mai ni plus tard que le 15 juin. Dans cet intervalle, on opère plus tôt ou plus tard, selon le climat local. Le plant de tabac le plus fort n'est pas le meilleur ; celui qu'on transplante à un état de développement trop avancé, muni de 7 à 8 feuilles, reprend difficilement et végète moins bien que le plant bien constitué, muni de 5 à 6 feuilles seulement. A mesure que le plant est arraché, il doit être déposé dans des corbeilles plates en évitant de le froisser ; l'opération doit être menée lestement ; moins il s'écoule de temps entre l'arrachage et la mise en place à demeure, plus la reprise du plant est assurée. La distance des plants n'est pas abandonnée au libre arbitre du planteur. Dans le département du Lot, la régie exige qu'il n'y ait pas plus de 10,000 pieds de tabac par hectare ; ils sont, par conséquent, à 1 mètre de distance les uns des autres. En Alsace, ainsi que dans le Nord, le nombre des plants admis sur un hectare est de 20 à 27 mille ; ils sont, par conséquent, à 60 ou 70 centimètres les uns des autres, dans tous les sens.

La transplantation du tabac ne peut être faite que par un temps pluvieux, ou tout au moins couvert et annonçant une pluie prochaine. Il est à peu près impossible d'arroser une plantation de tabac un peu considérable ; or, rien ne nuit plus au tabac que de souffrir de la sécheresse pendant la première période de sa croissance sur le terrain qu'il occupe à demeure. S'il a langui faute d'humidité pendant le mois qui suit sa transplantation, le résultat de la culture est gravement compromis. Le plant doit être enfoncé en terre *jusqu'à l'œil,* c'est-à-dire jusqu'à la naissance des feuilles inférieures ; il ne faut pas presser trop fortement la terre autour du collet de la plante qui est toujours fort délicate, surtout quand elle a été élevée sur couche. On a soin de réserver dans la pépinière une provision de plant plus que suffisante pour remplacer immédiatement les pieds qui ne reprennent pas ou ceux qui languissent après la transplantation. Le planteur peut voir, au bout de cinq à six jours, quels sont les plants qui ont bien pris racine dans leur nouvelle position, ceux qui manquent et ceux qui n'ont pas d'avenir ; il garnit les vides sans plus attendre. Quelquefois, un violent orage, survenu peu de temps après la plantation du tabac, n'en laisse pas de trace. C'est alors que le planteur peut se féliciter de sa prévoyance, s'il a pris la sage précaution de donner à sa pépinière assez d'étendue pour pouvoir, en cas d'un sinistre semblable, y puiser de quoi réparer le dommage au plus vite. Tant que le 15 juin n'est point passé, une plantation de tabac accidentellement détruite peut être remplacée avec l'espoir d'une bonne récolte.

SOINS DE CULTURE.

Les plantations de tabac ont besoin d'un premier binage au bout de 10 à 15 jours, pour ouvrir la surface du sol aux influences atmosphériques, et ameublir la terre qui a été plus ou moins tassée par le piétinement des ouvriers, pendant la transplantation. Ce travail est renouvelé au bout de 15 jours; il a pour effet de faire disparaître la mauvaise herbe, toujours prompte à s'emparer d'une terre abondamment fumée. On donne un troisième binage accompagné d'un léger buttage, quand le tabac atteint la hauteur d'environ 30 centimètres; le buttage ne doit pas recharger le collet des racines du tabac de plus de 5 à 6 centimètres de terre ; autrement il leur ferait plus de mal que de bien. Dans la petite et moyenne culture, on couvre tout le sol de la plantation de tabac, d'un bon *paillis*, composé de fumier long étendu avec précaution, pour ne pas endommager les feuilles du bas des plantes. On comprend que ce procédé n'est pas praticable dans la culture en grand; partout où les circonstances permettent de l'appliquer, il conserve la fraîcheur du sol et s'oppose à la croissance de la mauvaise herbe, ce qui donne une grande vigueur à la végétation du tabac, et le préserve des mauvais effets de la sécheresse.

La récolte des feuilles étant le but unique de la culture du tabac, rien ne doit être négligé pour favoriser leur développement. C'est pourquoi le sommet des tiges doit être supprimé dès que les boutons à fleurs commencent à s'y montrer, afin de faire refluer la séve au profit des feuilles. Plus on laisse de feuilles au-dessous de la partie retranchée plus le tabac est doux; moins on en laisse, et plus il est fort. En France, le nombre des feuilles conservées sur chaque plante est déterminé; la régie ne permet pas d'en laisser plus de neuf. La plus grande attention doit être apportée à l'opération du pincement des sommités du tabac, afin que les ouvriers, employés à cette besogne délicate, n'endommagent pas les feuilles inférieures conservées. Un peu plus tard, si des bourgeons prennent naissance dans les aisselles de ces feuilles, ils doivent être retranchés par un ébourgeonnement pratiqué avec les mêmes précautions que le pincement.

RÉCOLTE DES FEUILLES.

Il y a dans la végétation du tabac un moment où les feuilles ont atteint à leur maximum les propriétés qui les font rechercher; c'est ce qu'on nomme la *maturité* des feuilles. Dès qu'elles sont mûres, il faut se hâter de les récolter, sans quoi elles sécheraient sur pied et perdraient la plus grande partie de leur qualité; elles diminueraient aussi sensiblement en poids, au détriment du producteur. En Alsace et dans le Nord, on ne récolte pas toutes les feuilles à la fois; les feuilles du bas qui mûrissent les premières sont enlevées en premier lieu; on laisse les autres sur pied pour qu'elles achèvent de mûrir; elles sont récoltées un peu plus tard. Dans le Lot, quand la plus grande partie des feuilles semble à peu près mûre, on coupe la tige près de terre, et l'on porte la plante entière sous un hangar bien aéré; cette méthode, bien que défectueuse, est rendue nécessaire par la chaleur du climat du Midi qui, si la plante du tabac n'était coupée un peu avant l'entière maturité de toutes les feuilles, la grillerait sur pied en quelques heures, de sorte que toute la récolte serait compromise.

La maturité des feuilles s'annonce par deux signes certains auxquels on ne peut se méprendre : 1° des taches jaunâtres apparaissent de place en place sur les feuilles mûres; 2° la pointe de ces feuilles s'incline vers la terre. Il faut surveiller les plantations de tabac, et saisir le moment précis de récolter les feuilles dans les meilleures conditions, par une belle journée; on ne doit commencer à cueillir les feuilles que quand la matinée est assez avancée pour que le soleil ait entièrement dissipé la rosée. Les feuilles récoltées sont enfilées dans de longues et minces baguettes et suspendues à l'ombre, où elles sèchent lentement. Quand on a récolté les plantes entières, on les réunit deux par deux, et on les suspend la pointe en bas. Jamais la dessication des feuilles du tabac ne doit être opérée dans un local fermé; si le séchoir n'est pas suffisamment aéré, les vapeurs de *nicotine* exhalées par les feuilles, peuvent donner lieu à des cas d'asphyxie très-dangereux.

En France, avec le système de culture prescrit par la régie, le rendement d'un hectare est en moyenne de 1,800 kilogrammes de feuilles sèches dans l'Alsace et dans le Nord, et de 600 kilogrammes seulement dans le Lot. En Belgique, en Hollande et dans les pays de l'Allemagne où la culture du tabac est libre, le produit d'un hectare se balance entre 3,500 et 5,000 kilogrammes.

RÉCOLTE DE LA GRAINE.

Pour avoir de bonne graine de tabac, il ne faut pas, comme on le fait dans plusieurs cantons, réserver au moment de la mise en place un certain nombre de plantes comme porte-graines. Cette méthode est vicieuse parce qu'à cet instant, il n'est pas possible de prévoir quel sera l'avenir des plantes, de sorte qu'on peut très-bien avoir gardé comme porte-graines des plantes dépourvues de vigueur, et d'une végétation languissante. Il vaut mieux ne choisir les porte-graines qu'au moment où le tabac doit être pincé, il est alors assez avancé dans sa végétation pour qu'on puisse réserver en pleine connaissance de cause les pieds les plus robustes dont on peut espérer la meilleure graine. On la récolte, non pas toute à la fois, mais successivement, à mesure que la maturité des graines s'annonce par la couleur brune des capsules, ce qui a lieu en septembre dans le Lot, et en octobre seulement dans le Nord. La meilleure graine est toujours celle des capsules qui mûrissent les premières ; vingt-cinq fortes plantes de tabac peuvent en donner un kilogramme qui ne contient pas moins d'un million 500.000 graines. On doit cueillir les capsules renfermant la graine de tabac, par un temps sec, la conserver dans ses capsules, dans un local parfaitement exempt d'humidité, et l'éplucher seulement au moment de la semer. La graine de tabac ainsi conservée, garde ses propriétés germinatives pendant trois ans au moins ; autrement elle peut les perdre en moins de deux ans. La graine de deux ans bien conservée est la meilleure pour les semis.

ENNEMIS DE LA VÉGÉTATION DU TABAC.

Le tabac est souvent attaqué et dévoré en pépinière pendant la première période de sa croissance, par l'*altise*, aussi désignée sous les noms de *tiquet* et de *puce de terre*, à cause de la manière dont cet insecte, de la famille des coléoptères, saute comme la puce parasite de l'homme. L'altise ne ronge le tabac qu'au moment où la plante prend ses premières feuilles ; à cette époque de sa végétation le tabac ne contient point encore la nicotine en quantité appréciable ; plus tard, si l'altise tentait de continuer à se nourrir des feuilles du tabac, elle s'empoisonnerait. C'est un fait bizarre en histoire naturelle que de voir détruire des semis de tabac par un insecte qu'on détruit précisément avec le tabac. C'est en les arrosant avec une forte infusion de tabac le plus fort possible (celui qu'on nomme communément *tabac de caporal* est le meilleur pour cet usage), qu'on fait périr l'altise dans les jardins, lorsqu'elle attaque les semis en pépinière de choux et de choux-fleurs. C'est encore le meilleur remède à employer pour la détruire sur les pépinières de plants de tabac.

Le tabac mis en place a pour ennemi capital le ver blanc larve du hanneton, contre lequel tous les moyens de destruction sont impuissants ; il ronge impunément en terre les racines de la plante, et la fait trop souvent périr. C'est un véritable fléau. On diminue le nombre des vers blancs dont le sol peut être infesté, en y semant du colza très-épais, en automne, l'année qui précède celle où il doit porter une récolte de tabac. Le colza enfoui par un labour profond à l'entrée de l'hiver, pourrit en terre, et fait mourir tous les vers blancs qui se trouvent en contact avec lui ; tout n'est pas détruit, mais le nombre en est fort diminué ; c'est d'ailleurs le seul procédé doué de quelque efficacité qu'on puisse opposer aux ravages du ver blanc dans les plantations de tabac.

Parmi les végétaux, l'orabauche, plante parasite cryptogame, s'attache quelquefois aux racines du tabac ; elle lui fait peu de tort, parce qu'il est facile de l'arracher chaque fois qu'on sarcle ou qu'on bine les plantations de tabac auxquelles, dans tous les cas, ces soins de culture sont indispensables.

GÉRANIUM ROSAT.

La jolie plante d'ornement que les botanistes nomment *Pélargonium capitatum*, et que tout le monde connaît sous le nom de *géranium rosat*, n'a été longtemps cultivée que dans les jardins, jusqu'à ce qu'un jour, vers 1840, elle s'est tout à coup élevée au rang de plante industrielle, rang dont elle ne semble pas destinée à descendre. On sait que la vallée de l'Oronte, en Syrie, est embellie, principalement aux environs d'Alep et de Damas, par de vastes plantations de rosiers, dont les fleurs servent à préparer, par la distillation, l'*attar* ou essence de roses, parfum estimé des Orientaux par-dessus tous les autres. En Europe, l'attar, dont il ne se fabrique en Syrie que des quantités fort insuffisantes pour satisfaire aux demandes, est toujours d'un prix excessivement cher, et il n'est pas toujours possible, même à ceux qui ne marchandent pas, de s'en procurer. Un parfumeur parisien, M. Demarson, eut le premier l'idée de demander au géranium rosat une huile essentielle qu'il présumait devoir différer fort peu de l'attar d'Orient. Il fit cultiver en grand le géranium rosat dans la plaine Saint-Denis, livra les feuilles à la distillation et recueillit de l'attar. Afin d'être parfaitement sûr de son fait, il soumit ce produit nouveau à une épreuve décisive. L'essence de géranium rosat, préparée à Paris, fut envoyée à Constantinople, transvasée dans des flacons de forme turque, revêtus d'une marque turque, et renvoyée à Paris comme attar des roses de la vallée de l'Oronte : tout le monde y fut trompé. M. Demarson, qui ne voulait tromper personne, rendit le fait public et vendit son essence de géranium rosat pour ce qu'elle était, ce qui ne l'a pas empêchée, depuis cette époque, de rivaliser avec l'attar d'Orient, devenu de plus en plus rare sur les marchés européens. Dans ces circonstances, la culture du *Pélargonium capitatum* a pris, aux environs de Paris et des grandes villes où l'industrie de la parfumerie est exercée en grand, une importance toujours croissante; c'est aujourd'hui une culture industrielle très-profitable, et dont les produits sont achetés des parfumeurs à des prix suffisamment élevés.

La culture du géranium rosat est des plus faciles. Il suffit, pour la mettre en train, de se procurer au printemps une vingtaine de pieds un peu forts de cette plante, et de les mettre en pleine terre dans une plate-bande à l'exposition du midi. Moyennant quelques arrosages en temps de sécheresse, les touffes, dont on a soin de pincer les principales tiges pour les forcer à se ramifier, sont très-volumineuses à la fin de la belle saison. Elles sont alors levées en motte et portées dans une orangerie, une serre froide, ou tout simplement une cave exempte d'humidité, où la gelée ne puisse les atteindre. Au printemps, chaque touffe fournit un grand nombre de boutures. On les plante en plein champ; toute bonne terre à blé, fumée avec de l'engrais à demi consommé, enfoui par un bon labour à la bêche, convient à cette culture. Les boutures sont mises en place à 70 centimètres en tout sens, dès que la température locale permet de ne plus craindre de retour de froid tardif; sous le climat de Paris, il serait imprudent de bouturer en place à l'air libre le géranium rosat, avant la première semaine de mai. Les soins de culture se bornent à tenir le terrain propre par des binages et des sarclages qui bientôt deviennent inutiles, les plantes ayant fini par se rejoindre en couvrant tout le terrain. On pince les sommités pour empêcher la floraison et favoriser la production des feuilles. En août et septembre, les feuilles sont cueillies et livrées aux parfumeurs qui les achètent au poids, à des prix variables, mais toujours suffisamment rémunérateurs. On doit avoir soin d'éliminer les feuilles jaunes ou tachées, et de transporter la récolte dans des paniers plats, afin d'éviter que les feuilles s'échauffent, ce qui altérerait la délicatesse de leurs parfums.

TABLE DES MATIÈRES.

Paris impr. de Paul Dupont, rue de Grenelle-Saint-Honoré, 45.

EN VENTE A LA MÊME LIBRAIRIE.

BIBLIOTHÈQUE DES CAMPAGNES.

Les Victoires de l'Empire, campagnes d'Italie, — d'Égypte, — d'Autriche, — de Prusse, — de Russie, — de France, — Crimée, etc., par M. E. Loudun. — 1 beau volume in-18, recommandé pour les lectures courantes dans les écoles primaires. Prix, broché ou cartonné . . . . 1 fr. 50 c.

Dictionnaire usuel d'Histoire et de Géographie, publié par M. Ch. Louandre. — 1 fort volume in-18 de 500 pages sur deux colonnes. Prix, *franco*, broché ou cartonné. . 4 fr.

Dictionnaire usuel des Sciences, publié par M. Ch. Louandre. — 1 fort volume in-18 sur deux colonnes, avec gravures dans le texte. (*Sous presse*).

Souvenirs du premier Empire, publiés par M. Kermoysan. — 1 volume in-18. Prix, *franco*, broché ou cartonné. . . . . 1 fr. 50 c.

Entretiens sur l'hygiène, à l'usage des campagnes, par M. le Docteur Descieux. — 1 beau volume in-18. Prix, *franco*, broché ou cartonné. . . . . 1 fr. 25 c.

Les Pères de l'Église. Choix de lectures morales, approuvé par S. E. Mgr. le Cardinal-Archevêque de Paris, précédé d'une introduction et accompagné de notes, par M. E. Loudun. Prix, *franco*, broché ou cartonné . . . . 1 fr. 50 c.

L'industrie moderne. Récits familiers, précédés d'une étude sur les expositions industrielles, par Louis Fortoul. — 1 beau volume in-18 jésus, avec vignettes. Prix, broché ou cartonné. . . . . 1 fr. 50 c.

Cours d'Agriculture pratique, par une Société de cultivateurs, publié sous la direction de M. Ysabeau, agronome, rédacteur de la partie agricole du *Journal des Instituteurs*. — 4 volumes in-18 jésus, accompagnés de nombreuses figures dans le texte. Prix, *franco* . . . . 6 fr.

La Botanique au village, par M. S. Henry Berthoud. — 1 volume in-18. Prix, broché ou cartonné . . . 1 fr. 50 c.

Il sera publié incessamment dans la même collection une série d'ouvrages pratiques sur les **Sciences usuelles** et la **Technologie**.

Paris, imprimerie de Paul Dupont, rue de Grenelle-Saint-Honoré, 45.

www.ingramcontent.com/pod-product-compliance
Ingram Content Group UK Ltd.
Pitfield, Milton Keynes, MK11 3LW, UK
UKHW020913180726
13838UKWH00002B/529